U0009172

翻轉學

翻轉學

間歇高效率的
番茄工作法

25分鐘，打造成功的最小單位，幫你杜絕分心、提升拚勁

風靡30年的時間管理經典

the
Pomodoro
TECHNIQUE

法蘭西斯科‧西里洛 Francesco Cirillo—著　林力敏—譯

The Acclaimed Time-Management System
That Has Transformed How We Work

目 錄 CONTENTS

Part 1 基本概念

Part 2 達成個人目標

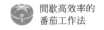
好評推薦

「在每一個當下灌入專注的能量,再將每一個強而有
的力的片段連接起來,我們將能夠完成所有偉大的目標。
這就是番茄工作法!」

——Ryan Wu 吳冠宏,社群行銷教練

「本書特別適合給我這種常常拖延,希望有一大段時
間一次把事情處理完的人。因為一口氣把事情做完的方法
往往讓我筋疲力盡,而番茄工作法則能幫我把事情拆成小
目標,並把時間變成注意力的資源,讓時間有更好的規
劃!」

——張忘形,溝通表達培訓師

「番茄鐘工作法是非常實用的管理工具,不僅對個
人,團隊也能操作。在我的線上課程『一生受用的學習技
巧』裡也有講到番茄鐘,這本書更是詳細且完整的介紹番
茄鐘的背景、結構和使用方式,並有許多操作上的練習和
應用,推薦希望提升自我效率的每一個人!」

——閱部客,知名 YouTuber

作者新序
風靡三十年，為數位時代全新改版

　　1987 年 9 月某個多雲午後，我設定了第 1 個番茄鐘。地點在離義大利羅馬將近 50 公里遠的中世紀小村蘇特里（Sutri），我當時人正待在度假小屋的露台上。目標很明確，也很嚇人──「我要讀完這一章。」這一章是指某本社會學書籍的第 1 章，幾週後，在大學的課堂上要考。

　　那天下午的我完全沒想到，日後全球會有成千上萬人照這套做法，設定廚房定時器，以便有一段時間能革除干擾，專心做事。

　　我完全沒想到，日後踏進滿是聰明程式設計師的開放式辦公室時，耳畔會響著定時器的滴滴答答聲。

　　也想不到，日後會有銀行執行長用跟我一樣的番茄造型定時器開董事會議。

　　也壓根沒想到《紐約時報》、《衛報》和《哈佛商業評論》等隆崇媒體會介紹這一套工作法。

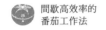
　　然而這些全發生了，至今我仍覺得不可思議。

　　我現在還清楚記得番茄定時器首次響起時的感覺，那是一種非比尋常且難以名狀的平靜。先前，我的頭腦像一葉扁舟，在暴風雨裡搖搖盪盪不由己：「我得通過考試，有 3 本書要讀，但考前沒多少時間，絕對讀不完，況且我難以專心，總會分神，也許該擱下書本不理考試？也許該擱下書本做其他事？」

　　當番茄定時器響起，第 1 個番茄鐘時段結束，汪洋卻變得風平浪靜，我才發現，原來我做得到。

　　我想設定下一個番茄鐘，而且方才的第 1 個番茄鐘只設定為 2 分鐘，不是後來認為理想的 25 分鐘。

　　由於我重獲平靜，重拾掌控，所以通過了考試，並開始研究番茄鐘：「為什麼番茄鐘會有效？一個番茄鐘時段該設定為多久？一天能進行幾輪番茄鐘時段？每個番茄鐘時段之間，需要休息多久？」我花許多年找出答案，開發為一套增進效能的工具，順理成章取名「番茄工作法」。

　　在我撰寫這篇新版序之際，當初為社會學考試設定的第 1 個番茄鐘猶在耳畔滴答，如同一位老友。

　　從 1987 年 9 月迄今，超過三十年，許多事情早已改變：網際網路和社群媒體改變我們的習慣與行為；智慧型手機告訴我們何時需要出門看電影、告訴我們先前車上訂的餐點即將在 5 分鐘後送到家裡；各種社群媒體和應用程式全天干擾不休。在這數位時代，番茄工作法如何發揮功效？

　　最常帶來干擾的事物，其實始終是頭腦。我們心裡有各種干擾，例如：忽然想訂披薩、更新臉書動態或整理書桌，這些依然能凌駕外部干擾，如電子郵件或臉書通知的叮叮聲。**面對內部干擾的最佳方式是加以接受，心平氣和處理。**

　　基於番茄工作法的原則，你可以記在手機、電腦或紙上，等番茄鐘時段結束再處理。這樣一來，你不是一逕當成無謂的干擾，而是留時間妥善衡量是否重要。如果你在短時間內面臨太多內部干擾，基於番茄工作法，你必須擱下工作、休息一段較長時間。

　　大量內部干擾意謂著頭腦在傳達一個訊息：我們沒有安然做手頭這件事。原因也許是擔心做不好，也許是目標

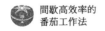
太繁雜，也許是感覺時間不夠。為了自我保護，頭腦去想其他輕鬆容易的事，結果，我們就這麼東想西想，心不在焉了起來。

不過，無論是何種內部干擾或外部干擾，無論多頻繁，番茄工作法依然能發揮功效。番茄工作法有助於留意頭腦的狀況，有助於決定因應的方式。心頭突然浮現的事項，有時確實迫在眉睫，但大多能擱置 20 分鐘，等番茄鐘時段結束再處理。

由於各種念頭通常只是大腦想分神，想擺脫手頭的事，這樣擱置有助於了解干擾背後的恐懼，而一旦找出恐懼就能設法處理，不致被恐懼支配，徒陷「對恐懼的恐懼」。此外，這樣擱置有助於持續自我對話，觀察自己，避開自欺欺人。

總之，你要是分心去傳訊息，而非專心工作，別擔心，下一個番茄鐘時段會更好。心平氣和點吧。

作者序
一顆番茄鐘幫我提升自我、實現目標

　　1980 年代末期，在大學的前幾年，我想出番茄工作法的基本概念。

　　當年，我過關斬將考完大一的各個考試，興高采烈，之後卻開始提不起勁，效率低落，心頭困惑不已。每天我到學校上課，上完回家，無精打采，不知自己在幹麼，簡直在浪費時間。考試接踵而至，我卻變得難以招架，眼睜睜看時間白白流逝。

　　某天，坐在自習教室裡，我忽然以批判目光看同學，更看自己：我是如何安排事項、與人互動、研讀學習。顯而易見的是，我感到困惑的根源在於干擾太多、分心太多，幹勁卻太少。

　　我拿個可恥的問題捫心自問：「你能不能讀書──好好讀書──10 分鐘就好？」我需要客觀的定時，一位時間導師，結果在廚房找到一個番茄形狀的料理定時器──

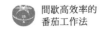
我的番茄鐘。

我沒有劍及履及，立刻好好讀 10 分鐘，而是多費了番時間、多費了番功夫，但最終成功了。

我跨出第一小步時，發現番茄鐘的奧妙。靠這個新工具，我開始改善讀書方式，後來更改善工作方式，拿來解決複雜問題，甚至考慮實行於團隊合作，逐漸開發出這本書將探討的番茄工作法。

多年來，我在公開課堂上教番茄工作法，也在團隊研習上教番茄工作法。愈來愈多人起興趣，詢問這套方法的內涵與應用，所以我感到有必要詳加講說。但願番茄工作法能協助更多人提升自我，實現目標。

前言
把時間當好夥伴的番茄工作法

　　對許多人來說，時間如同敵人。時鐘滴滴答答帶來焦慮，截止期限在即，尤其雪上加霜，工作與讀書狀況不佳，更回過頭導致拖拖拉拉。有鑑於此，番茄工作法意在把時間當成寶貴夥伴，依己所欲，達成目標，並持續改進工作方式或讀書方式。我在 1992 年制定出番茄工作法這一套系統，從 1998 年到 1999 年教番茄工作法，最終整理為這本書。

　　在 Part 1「基本概念」談時間的相關問題，舉出番茄工作法的目標與基本假設；Part 2「達成個人目標」說明番茄工作法的實行原則，闡述個人如何依各目標妥善運用本法；Part 3「達成團隊目標」說明團隊的應用方式，並提出一系列提升效能的做法；Part 4「實行成果」則以例子呈現實行此法的成果，提出數個有助見效的要點。

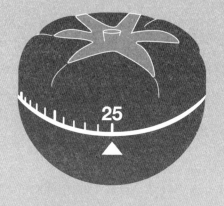

PART

1

基本概念

第 **1** 章

原理與功效

0   5   10   15   20   25

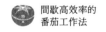
　　誰不曾在工作的截止期限前感到焦慮？誰不曾想把工作拖延，搞得進度落後？誰不曾被時間追著跑，被開會追著跑，眼看時間不夠，不得不放棄原本想做的事？

　　法國詩人波特萊爾（Baudelaire）在詩作〈時鐘〉（*The Clock*）寫道：「莫忘時間乃貪心的玩徒，回回奪得貨真價實的勝利！」這就是時間的本質嗎？或者，只是時間的一個面向？一般而論，為什麼大家在時間運用上有這種問題？這種時間匆匆流逝的焦慮來自何處？

　　談到定義時間，還有定義時間與人之間的關係，無論思想家、哲學家及科學家都不得不承認失敗。這類叩問必有局限，從不完備，很少人當真提出什麼真知灼見。不過，時間似乎具備兩個息息相關的層面：

　　持續流逝。時間的抽象層面，帶來衡量時間的習慣（秒、分與小時）、像空間維度般以軸線代表時間的做法、事件長度的概念（時間軸上兩點之間的距離），以及遲到的概念（再次是時間軸上兩點之間的距離）。

　　事件接續。時間的具體層面，一個個依序上演的事

件：起床→沖澡→吃早餐→讀書→吃午餐→睡午覺→玩樂
→吃飯，在一天的最後上床睡覺。小孩先有這個具體概
念，再發展出時間在事情背後流逝的抽象概念。

按這兩個層面來說，造成焦慮的是持續流逝。這在本
質上難以捉摸與定義：時間流逝，朝未來而去。如果按時
間的流逝衡量自己，我們會隨分分秒秒愈趨束手無策，無
計可施，垂首落敗，失去成就事物所須的生命衝力（Élan
vital）：「2 小時過去了，我還沒大功告成；2 天過去了，
我還是沒大功告成。」我們變得耗弱，做事的意義不再清
楚。事件接續的層面似乎較不導致焦慮，有時甚至一個接
一個，帶有節奏，帶來平靜。

番茄工作法的目標

番茄工作法的目標是**以簡單工具及方法提升效能（對
你和團隊皆然）**，功效如下：

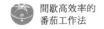

1. 減少持續流逝的焦慮

2. 藉削減干擾來提升專注程度

3. 提升對個人決定的留意

4. 持續激發幹勁

5. 支撐達成目標的決心

6. 在質與量兩方面增加評估能力

7. 改進工作方式或讀書方式

8. 促進努力克服難題的決心

簡單有效的經典理論

番茄工作法是基於三個要點：

1. **以不同方式看待時間**。不再抱持著持續流逝的概念，從而降低焦慮與提升效能。

2. **善用頭腦**。我們能夠學得更好，思慮清楚，全神貫注。

18

3. **簡單易用**。這套方法簡單不複雜，但有助持續專
　心致志達成目標。相較之下，許多時間管理工具
　的缺點在於疊床架屋，反把工作變得更複雜。

　　番茄工作法的發想來自下列概念：「時間箱」（time
boxing）、英國心理學家博贊（Tony Buzan）等人提出
的心智工具，以及德國哲學家伽達默爾（Hans-Georg
Gadamer）的動態原理。談到組織目標與事項，相關概念
詳見美國作家吉布（Tom Gilb）的書。

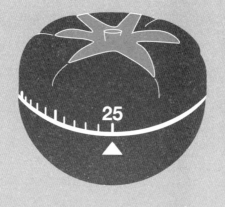

PART
2

達成個人目標

第**2**章

方法與工具

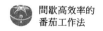

番茄工作法包含五個步驟：

步驟	時間	理由
計畫	一天之始	決定今天的事項
追蹤	從早到晚	獲得今天所花心力等原始數據
記錄	一天末尾	記下每天的觀察
加工	一天末尾	把原始數據化為資訊
視覺化	一天末尾	把資訊化為有益理解與改進的形式

圖表 1　番茄工作法的步驟

高效訣竅

　　這個基本流程為時一天，但也能更短，改為在一天裡多次進行。

實行番茄工作法所須的東西如下：

1. **番茄定時器**（圖表 2）。

2. **每天早上填寫一張今日工作表：**

　　• 在表頭寫上姓名、日期與地點。

　　• 依優先順序列出今天要做的事項。

- 「臨時急迫事項」的欄位，在臨時想到其他事項時記下來，本日計畫可依此調整。

3. **事項盤點表：**

- 在表頭寫上姓名。

- 逐一記下事項，在一天末尾把完成的事項劃掉。

4. **紀錄表。**

用來記下原始數據，以便化為資訊和圖表。依目標不同，這張表可有不同欄位，通常包括日期、描述，及所用的番茄鐘數目，至少每天更新一次，大多在一天末尾進行。

在本書所舉的簡單例子中，「記錄」、「加工」和「視覺化」等步驟直接在紀錄表上完成。

圖表 2　番茄定時器

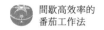
下面章節會提出番茄工作法的創新用法，別開生面，能一一加以實驗。本質上，番茄工作法可以循序漸進升級，所以各目標該依章節順序達成。

🍅 高效訣竅

由於排版限制，這本書裡的表格只按主題呈現相關欄位。書末附上完整表格，可拿來練習。

第3章

目標一：找出事項所費的精力

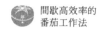

傳統的番茄工作法為 30 分鐘：25 分鐘工作、5 分鐘休息。每天開工之際，從事項盤點表挑出想處理的事項，區分優先順序，寫進今日工作表（圖表 3）。

今日工作	
姓名：馬克・羅斯 日期：7 月 12 日，芝加哥	
寫一篇文章〈如何學音樂〉（不超過 10 頁）	×××××
大聲唸出〈如何學音樂〉以調整字句	
把〈如何學音樂〉濃縮為 3 頁	

圖表 3　今日工作表

展開第 1 個番茄鐘

把番茄鐘設定為 25 分鐘，開始做今日工作表上的第 1 項事項。無論有幾個人在用番茄鐘，該能清楚看到剩餘

的時間（圖表 4）。

圖表 4　能清楚看到剩餘的時間

　　番茄鐘不可打斷：就是 25 分鐘全拿來工作。

　　番茄鐘不可分割：沒有半個番茄鐘或四分之一個番茄鐘這種事。最小單位就是 1 個番茄鐘。如果番茄鐘被打斷，該視為失效，就像從未設定過，然後你該重新設定一個新的番茄鐘。當番茄鐘響起，你就在剛才所做的事項右邊畫叉，休息 3 至 5 分鐘。此外，番茄鐘響表示當前的事項確實完成（雖然僅是暫時完成），不可以再「多做幾分鐘」，就算多幾分鐘就能做完也萬萬不可。

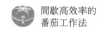
今日工作	
姓名：馬克・羅斯	
日期：7 月 12 日，芝加哥	
寫一篇文章〈如何學音樂〉（不超過 10 頁）	×
大聲唸出〈如何學音樂〉以調整字句	
把〈如何學音樂〉濃縮為 3 頁	

圖表 5　第 1 個番茄鐘

　　這 3 至 5 分鐘是脫離工作的必需時間，供頭腦消化吸收剛才 25 分鐘的工作內容，而且你能趁機做點有益身心的小活動，以便在下一個番茄鐘時段發揮最佳表現。這類小活動包括起來走一走，喝杯水，想像下一次假期去哪裡玩，深呼吸或伸展筋骨，跟同事聊天說笑也不錯。

　　休息時間不適合很費心神的活動，例如：別跟同事聊工作、別寫重要的電子郵件、別打重要的電話，諸如此類，免得妨礙頭腦整合，損及下一個番茄鐘時段的專注度。你該做的是把這類事項列進事項盤點表，標註特定的番茄鐘時段來做。在休息時間，不該繼續想前面番茄鐘時段的事項。當休息時間結束，把番茄鐘設定為 25 分鐘，

繼續處理手頭工作，直到再次鐘響，然後在今日工作表上再畫一個叉（圖表 6）。休息 3 至 5 分鐘，再進行下一個番茄鐘時段。

今日工作	
姓名：馬克・羅斯 日期：7 月 12 日，芝加哥	
寫一篇文章〈如何學音樂〉（不超過 10 頁）	××
大聲唸出〈如何學音樂〉以調整字句	
把〈如何學音樂〉濃縮為 3 頁	

圖表 6　第 2 個番茄鐘

每 4 個番茄鐘時段，安排一次長休息

每做完 4 個番茄鐘，進行一次 15 至 30 分鐘的長休息。

這段休息時間很適合拿來整理辦公桌、去咖啡機弄杯咖啡、聽語音信箱、檢查電子信箱、進行呼吸練習、出去走一走，不然單純休息一下也行。重點是別做任何複雜事

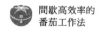

情，否則頭腦無法重組整合，下一個番茄鐘時段就難以發
揮最大效能。休息時間顯然不該繼續想前面番茄鐘時段的
事項。

今日工作		
姓名：馬克‧羅斯 日期：7 月 12 日，芝加哥		
	寫一篇文章〈如何學音樂〉（不超過 10 頁）	×××××
	大聲唸出〈如何學音樂〉以調整字句	
	把〈如何學音樂〉濃縮為 3 頁	

圖表 7　第 1 組番茄鐘結束

完成事項

一個接一個時段繼續工作，把該事項做完，然後從今日工作表上劃掉（圖表 8）。

今日工作	
姓名：馬克・羅斯 日期：7 月 12 日，芝加哥	
~~寫一篇文章〈如何學音樂〉（不超過 10 頁）~~	××××
大聲唸出〈如何學音樂〉以調整字句	
把〈如何學音樂〉濃縮為 3 頁	

圖表 8　完成一件事項

特定情況的處理方式：

如果番茄鐘還在走，事項就處理好了，則適用這條基本原則：**番茄鐘開始後，一定得響。**你不妨趁機做到更盡

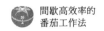
善盡美，拿剩餘時間檢查工作成果，稍作加強，溫習所學，直到番茄鐘響起來。

如果你在前 5 分鐘就大功告成，認為這事項其實在前一個番茄鐘時段就處理完了，而且不值得再修改，則可當例外，這個番茄鐘時段不必列入表中。

目前這個事項做完之後，開始做表上的下一個事項，再下一個事項，每個番茄鐘時段和每 4 個番茄鐘時段後都要休息（圖表 9）。

今日工作		
姓名：馬克·羅斯		
日期：7 月 12 日，芝加哥		
	寫一篇文章〈如何學音樂〉（不超過 10 頁）	×××××
	大聲唸出〈如何學音樂〉以調整字句	××
	把〈如何學音樂〉濃縮為 3 頁	×××

圖表 9　完成數個事項

記錄

　　每天結束時，完成的番茄鐘工作可以印出來留存。更方便的做法可能是用電子表格或資料庫，並從事項盤點表裡刪除已完成的事項。記錄與追蹤的內容則依目標而定。追蹤記錄的初步目標，可以只是記下各事項所用的番茄鐘時數。

　　換言之，你可能想呈現每個事項所費的精力。這時，能用的欄目如：日期、開始時間、事項類別、事項內容、實際用的番茄鐘數目、成果備註、改進方向或可能難處（圖表 10）。這個初步記錄視需求而定，拿筆在紙上列出來也很容易。

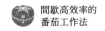
			紀錄		
姓名：馬克・羅斯					
日期	時間	類型	事項	實際番茄鐘數	備註
7 月 12 日	上午 8：30	寫文	〈如何學音樂〉	5	7 頁
7 月 12 日	上午 11：30	調整	〈如何學音樂〉	2	
7 月 12 日	下午 2：00	濃縮	〈如何學音樂〉	3	7 頁變 3 頁

圖表 10　紀錄表

如果馬克當初沒記是何時開始做某個事項呢？以番茄
工作法來說，事項（或番茄鐘時段）的開始時間不必然得
記，**重點是記下實際用的番茄鐘數目：實際精力**。這是了
解番茄工作法的關鍵。由於每天至少追蹤一次，回想開始
時間並不難，而且是滿有益的頭腦體操。

☺ 高效訣竅

　　談到回想開始時間，有個實用技巧：從最後一個事
項開始，一路往前回推到第 1 個事項。

改進

　　透過紀錄表，我們能觀察自己的實行與安排狀況，有效精進。比方說，你可以自問一週有多少番茄鐘時段用在工作事項和嘗試新事項、平均一天實行幾個番茄鐘時段，諸如此類。你也可以衡量各部分是否有效實行，若無幫助或可省略。

　　舉例來說，根據圖表 10，馬克花 10 個番茄鐘時段在撰寫、調整與濃縮〈如何學音樂〉一文，似嫌太久，其實大概只須花 9 個以下的番茄鐘時段就能寫好文章，空出 1 個以上的番茄鐘時段去做其他事情。

　　馬克可以自問：「下一篇文章我要事半功倍，花更少力氣，卻能寫得一樣好，但如何達成？哪部分要刪掉？哪部分真有用？哪種調整可提升效能？」

　　這些提問有助於改進工作方式或讀書方式。在一天的最後，記錄（及之後的改進）不該花費超過 1 個番茄鐘的時間。

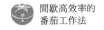
番茄工作法的本質

　　番茄鐘標記時間的經過，衡量時間的刻度。若加上人數與事項，則變成衡量精力的刻度。經過計算，我們能說一項工作是花幾個「個人番茄鐘」、「雙人番茄鐘」或「團隊番茄鐘」，分別表示所費的精力。不同人數所須的精力各異，工作量無法加總或比較。

　　當工作是由單人、雙人或團隊完成，背後的分工合作不同，溝通協調各異，所以個人番茄鐘、雙人番茄鐘與團隊番茄鐘無法直接換算，沒得相提並論。

🐢 高效訣竅

　　假設我們想計算單人、雙人或團隊工作的開支，按工時金額，所費的精力能拿來比較與加總。比方說，一項工作耗費 2 個「個人番茄鐘」與 3 個「雙人番茄鐘」。從精力而論，個人番茄鐘與雙人番茄鐘無從比對或加總。然而，如果替工時設定金額，例如：每個時段 10 美元，則這工作得花 2 個「個人番茄鐘」乘以 10 美元再加上 3 個「雙人番茄鐘」乘以 10 美元，總價便是 80 美元。

第 **4** 章

目標二‧減少干擾

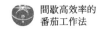
一個番茄鐘只有 25 分鐘，似乎短到能不受各種干擾。然而經驗顯示，當你開始運用番茄工作法之後，干擾可能是一大棘手問題，所以，你需要憑有效策略盡量減少干擾，讓工作一氣呵成不受打斷。

談到干擾，可概分為兩種：內部干擾與外部干擾。

內部干擾

雖然番茄鐘只為時 25 分鐘，首次實行時，難免分神，很想把事情丟開，想起身喝點飲料或吃點東西、想打一通突然顯得很急的電話、想上網查點東西（跟手頭工作可能有關也可能無關）、想查看電子信箱。最後甚至覺得也許不該把這工作排在此刻，根本安排不當。

這種分神拖拉稱作內部干擾，通常是一種偽裝的害怕：怕無法及時好好完成。內部干擾常關乎專注力低落。

我們要如何擺脫內部干擾？這分成兩大方面：

1. **清楚記下來**。每當你感到內部干擾浮現，就在今日工作表上以一小撇「'」註記。

2. **決定怎麼做**。

   • 如果你認為這個新事項很迫切，記在今日工作表的「臨時急迫事項」。

   • 假使沒那麼迫切，先記在事項盤點表，標記為「U」（unplanned，臨時），視需要註明截止期限。

   • 若不重要，就專心工作。在表上註記後，繼續工作直到番茄鐘響起（**基本原則：番茄鐘開始後，一定得響**。）

目標是接受事實：當干擾浮現，不該忽視。你要客觀看待，視需要而調整計畫。

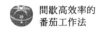
實例

在此舉例說明內部干擾的處理方式。馬克在寫〈如何學音樂〉，進行到第 2 次番茄鐘時，他突然想打電話問朋友卡羅：最愛的搖滾樂團何時開下一場演唱會？馬克自問：「這很急迫嗎？今天就得做嗎？不必，延後無妨。也許一、兩個小時後打就好，甚至明天再打也行。」

於是，馬克在今日工作表目前這個事項的右欄標註「'」（圖表 11），在事項盤點表加上臨時事項（前面標記「U」，圖表 12），然後繼續工作。

然後馬克問自己：「這件事需要明天前做嗎？不必，這週結束前做就好。」馬克在「U」的後面加上截止日期（圖表 13）。

今日工作		
姓名：馬克・羅斯		
日期：7 月 12 日，芝加哥		
	寫一篇文章〈如何學音樂〉（不超過 10 頁）	✕'
	大聲唸出〈如何學音樂〉以調整字句	
	把〈如何學音樂〉濃縮為 3 頁	

圖表 11　內部干擾

事項盤點		
姓名：馬克・羅斯		
	…	
U	打電話問卡羅：下一場演唱會是何時？	
	…	

圖表 12　臨時事項

事項盤點		
姓名：馬克・羅斯		
	…	
U（7 月 14 日）	打電話問卡羅：下一場演唱會是何時？	
	…	

圖表 13　有截止期限的臨時事項

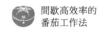
　　如果馬克 10 分鐘後忽然想吃披薩,他依然會標註
「 ’ 」,但這次是記錄在今日工作表的「臨時急迫事項」
(圖表 14),然後繼續做手頭工作。

今日工作	
姓名:馬克 · 羅斯 日期:7 月 12 日,芝加哥	
寫一篇文章〈如何學音樂〉(不超過 10 頁)	× ”
大聲唸出〈如何學音樂〉以調整字句	
把〈如何學音樂〉濃縮為 3 頁	
臨時急迫事項	
訂披薩	

圖表 14　急迫的內在干擾

　　目前為止,番茄鐘未經打斷,馬克繼續工作,面對各
個干擾。處理干擾的時間顯然愈少愈好,頂多幾秒就好,
否則這個番茄鐘時段必須視為中斷或無效。最後,番茄鐘
響起,馬克標上「×」,稍作休息(圖表 15)。

今日工作	
姓名：馬克‧羅斯	
日期：7 月 12 日，芝加哥	
寫一篇文章〈如何學音樂〉（不超過 10 頁）	×"×
大聲唸出〈如何學音樂〉以調整字句	
把〈如何學音樂〉濃縮為 3 頁	
臨時急迫事項	
訂披薩	

圖表 15　急迫的內在干擾（第 2 個番茄鐘）

馬克決定進行下一個番茄鐘。在這第 3 個番茄鐘期間，他碰到 8 次分心干擾，幸好都處理了：他把一個事項歸為不急迫，列在事項盤點表，但其他事項不得不歸為急迫（圖表 16）。

有些人看到圖表 16 列的事項可能會心一笑，但馬克就是覺得重要。重點在於，在番茄鐘期間，我們會想到一籮筐急事或妙事，但決定不在當下這個番茄鐘期間去做。

我們從頭到尾看一遍各臨時事項，就明白頭腦是如何

東想西想，想全神貫注真是難上加難。這些內部干擾通常像是一種症狀，出自無法完成手頭工作的恐懼。

今日工作	
姓名：馬克・羅斯	
日期：7 月 12 日，芝加哥	
寫一篇文章〈如何學音樂〉（不超過 10 頁）	×"×"""""""
大聲唸出〈如何學音樂〉以調整字句	
把〈如何學音樂〉濃縮為 3 頁	
臨時急迫事項	
訂披薩	
決定要買哪輛單車	
讀在亞洲學音樂的文章	
上網查 7 月在芝加哥有哪些爵士表演	
查看電子信箱	
訂中菜外賣	
整理辦公桌抽屜	
削鉛筆	

圖表 16　寫下急迫的內在干擾

　　若說許多這些急事後來證明根本就不急，可一點也不教人意外。在番茄鐘結束、事項做完或當天末尾，多數所謂的急迫事項會依下列方式處理：

1. 移到事項盤點表。也許能明天再決定。
2. 利用較長的休息時間處理。比如：休息時間再查芝加哥有哪些爵士表演。
3. 刪掉。馬克真的想訂披薩，外加春捲和北京烤鴨嗎？他可能什麼也不想訂，等晚上再大開吃戒。

　　你可以等到當前的番茄鐘結束，等到 4 個一組的番茄鐘結束，或是等到一天的結尾，再看所記的臨時事項，眼光會大不相同。真正的急事會在今日工作表標明，番茄工作法的目標是**確保當前工作不被干擾**，可採下列做法：

1. 急事取代其他事項，在下一個番茄鐘時段做。
2. 急事取代其他事項，當天另擇時段來做。
3. 一再往後挪到之後的番茄鐘時段，直到當天結

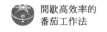
束。這有助於逐漸學習分辨當務之急。

臨時事項完成後，記下相應的番茄鐘時段（圖表
17）。

依目前的例子，干擾皆已處理。處理方針在於，**別被
內部干擾牽著鼻子走，而是反客為主，化被動為主動，列
進番茄鐘時段裡**。

萬一你就是受不了想停下工作，或是真碰到其他當務
之急，唯一的方法是，把這個番茄鐘時段作廢，即使鐘就
快響了也一樣（**基本原則：番茄鐘不可分割**）。接下來，
劃一小撇「'」標記作廢的番茄鐘時段，以供追蹤。你顯
然不能用「×」標記，畢竟番茄鐘可沒響，所以就休息個
5 分鐘吧，然後展開新的番茄鐘時段。**下一個番茄鐘時段
會更好**。

今日工作		
姓名：馬克‧羅斯 日期：7 月 12 日，芝加哥		
	寫一篇文章〈如何學音樂〉（不超過 10 頁）	×"×""""""
	大聲唸出〈如何學音樂〉以調整字句	
	把〈如何學音樂〉濃縮為 3 頁	
	臨時急迫事項	
	訂披薩	
	決定要買哪輛單車	
	~~讀在亞洲學音樂的文章~~	×
	上網查 7 月在芝加哥有哪些爵士表演	
	查看電子信箱	
	訂中菜外賣	
	整理辦公桌抽屜	
	削鉛筆	

圖表 17　當天完成的臨時事項

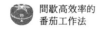
🍅 高效訣竅

　　減少內部干擾的首要目標在於，留意干擾的次數
與種類。你要觀察、接受，然後視情況加進計畫或
刪掉。

外部干擾

　　待在跟外界有接觸的環境，就會受外部干擾：讀書夥
伴叫你解釋文句或邀你飯後一起去看電影、祕書沒有擋掉
電話、同事問你報告怎麼寫、每次電子信箱有新信就叮叮
作響。這時，你該如何是好？

　　談到外部干擾，你必須「捍衛」番茄鐘。方才我們談
過如何消除內部干擾，現在則是有別人冒出來，唯恐害你
無法享受在今日工作表標記「×」的爽快。

　　內部干擾和外部干擾的主要差別在於，後者涉及別
人，需要溝通。

　　至於因應外部干擾的原則和內部干擾並無二致：別被

干擾牽著鼻子走，而是化被動為主動。

在此舉幾個例子。電話可以交由答錄機應付，之後再聽即可；電子信箱的通知音效大可關掉，收到新信也不致分心；如果同事或同學過來打擾，你可以禮貌的說正在忙，不行被打擾（有些人會幽默地說：「我還在番茄裡面啦。」）

然後你跟對方說，你會在 25 分鐘後、幾小時後或明天回覆，依急迫程度而定。根據經驗，絕少事情急到立刻得做，一分一秒拖不得。絕大多數的所謂急事可以延到 25 分鐘或 2 小時（4 個番茄鐘）之後再做，對方仍能接受，你則大有好處，頭腦能有效發揮，按部就班做好事情，再安排調整時程。你多加實行後會發現，許多看似很急的事情能延到明天，依然滿足對方的要求。

因此，**捍衛番茄鐘是指有效告知、迅速協調、重訂計畫，之後再回覆對方**。藉由這套「告知、協調與回覆」策略，你依急迫程度把事情安排在當天或別天擇時處理，避免外部干擾的打斷，不是被牽著鼻子走，而是反過頭由自己決定何時處理，看是要排在哪個時段回覆對方，排進番

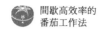
茄鐘裡也行。

　　開始採用番茄工作法的人常同病相憐：他們發現一個
番茄鐘時段（25 分鐘）通常有 10 至 15 個外部干擾。如
果對方得知你會確實回覆而非純粹拖延，他們沒多久也會
替你捍衛番茄鐘。

　　在許多一起工作或學習的人眼中，番茄工作法的使用
者是很珍惜自己的時間。從實行面觀之，外部干擾與內部
干擾的處理方式相去不遠，同樣可分成兩大方面：

1. **清楚記下來**。每當有人想打斷番茄鐘，你就在今
   日工作表上畫一小槓「-」註記。
2. **決定怎麼做**。下列三種方法擇一：
   - 如果你認為今天就得處理這個新事項，就記在
     今日工作表的「臨時急迫事項」，並以括號寫下
     完成期限。
   - 如果沒那麼迫切，記在事項盤點表，標記為
     「U」（意指臨時），視需要註明截止期限。
   - 如果不重要，好好專心工作。表上註記之後，

繼續工作直到番茄鐘響起。

這樣一來，你記下處理方式，了解每天的干擾狀況，又不致打斷番茄鐘。

下面是在「寫〈如何學音樂〉的文章」的第 2 個番茄鐘期間，兩個不同處理方式的例子（見圖表 18 和 19）。

如果確實出現當務之急或定力不夠，番茄鐘不得不中斷，唯一之道是：這個番茄鐘時段作廢，即使鐘就快響了也一樣（**規則：番茄鐘不可分割**）。然後你要在表上劃一槓做紀錄，在「臨時急迫事項」寫下事項內容與完成期限，再開始急事的第 1 個番茄鐘。**下一個時段會更好。**

> 🍅 **高效訣竅**
> 減少外部干擾的第 2 個目標在於，留意干擾的數目與種類。依急迫程度，協調與重新規劃。

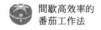

今日工作		
姓名：馬克・羅斯 日期：7 月 12 日，芝加哥		
	寫一篇文章〈如何學音樂〉 （不超過 10 頁）	×--
	大聲唸出〈如何學音樂〉以 調整字句	
	把〈如何學音樂〉濃縮為 3 頁	
	臨時急迫事項	
（下午 3：40）	把草稿寄給路克	

圖表 18　臨時急迫事項

事項盤點		
姓名：馬克・羅斯		
	…	
U（7 月 13 日）	跟奈里敲定訪談時間	
	…	

圖表 19　臨時事項與完成期限

組織干擾

運用番茄工作法的首要實際干擾是組織事項，如郵件、電話和開會等。最理所當然的常見做法是每天留 1 個番茄鐘時段，或視需要留更多個，用來處理急事。基於不被干擾牽著鼻子走的原則，這類干擾該留到專門處理溝通事務的番茄鐘時段。

在此強調，番茄工作法的使用者有以下目標：

1. **盡量延遲這些番茄鐘時段，降低表面乍看的急迫度，力求按部就班，納入由自己掌握的計畫。**
2. **逐步減少一天裡用來處理干擾的番茄鐘時段。**

當番茄工作法的新使用者計算實際工作或讀書（干擾皆獲處理）的番茄鐘數目，還有組織事務的番茄鐘數目（有部分源自對干擾的處理），可是會大吃一驚。有些團隊的各成員起先每天只有 2 至 3 個番茄鐘用於工作，其餘番茄鐘全是處理電話、信件與開會等。

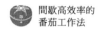
檢視紀錄：計畫時的預估錯誤

　　檢視事項盤點表上標記為「U」的事項，還有今日工作表上的「臨時急迫事項」。這樣做的話，你在擬定計畫階段會更知道安排多少哪類事項最適宜，有望妥善達成。臨時急迫事項愈多，表示當初的預估愈差。此外，你還能一併檢視紀錄表上的內外部干擾數量，設法逐漸減少。

第 **5** 章

目標三：
預估事項所費的精力

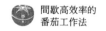

現在你熟悉了番茄工作法，達成了前兩個目標，再來能開始預估所費的精力。長程目標是能妥善預測各事項所需的精力。

事項盤點表記著所有待做事項。這些事項出於計畫，計畫則在衡量達成的方法，顧及干擾的處理。當有些事項漸不重要，可從盤點表上刪掉。每天開始之際，你要衡量盤點表上的各事項得花多少個番茄鐘，視需要修改先前的預估，然後在相應欄位記下預估數字（圖表 20）。

此項評估其實代表特定人數完成事項所需的番茄鐘數目，是在衡量所需精力，但在下列簡化的例子中，人數都訂為 1 人。

預估的番茄鐘數目須為整數，沒有二分之一個番茄鐘這種事，這時就要無條件進位成整數。如果某個事項的番茄鐘數目超過 5 至 7 個，表示這事項太複雜，最好拆分成數個小事項，分別預估，在事項盤點表分行記下。**基本原則：如果超過 5 至 7 個番茄鐘，拆成數個小事項。**這樣一來，單一事項較不複雜，而且預估起來較準確。如果較小事項之間有前後次序，循序漸進，而非各自獨立，則拆分

的效果更好。

事項盤點	
姓名：露西‧班克斯	
…	
填答第 4 章的熱力學問題	2 個番茄鐘
向馬克默背熱力學定律	3 個番茄鐘
統整熱力學定律	3 個番茄鐘
打給蘿拉：邀她參加熱力學研討會	
打給馬克：筆電快還我！	
打給安德魯：買音樂會的票？	
寄信給尼克：你怎麼做課本 24 頁的第 2 題？	
…	

圖表 20　每日預估

　　如果預估值小於 1 個番茄鐘（例如：邀蘿拉參加熱力學研討會或叫馬克還筆電），類似事項該擺在一起，湊成 1 個番茄鐘。**規則是：如果不到 1 個番茄鐘，湊成 1 個。**

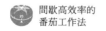
因此，經預估不滿 1 個番茄鐘的事項有兩種處理法：

1. 從事項盤點表裡找類似事項，湊成 1 個番茄鐘
   （圖表 21）。

2. 在事項盤點表上先不預估時數，留到今日工作表
   再湊湊看。

在選擇處理法之際，別忘了，事項盤點表的一項功能
是便於挑選今日工作表的事項。如果各個事項類似或互
補，則採用第 1 種處理法，其他事項先預估時數，之後再
湊。總之，事項盤點表上的事項愈多，選擇策略與合併事
項愈容易。

事項盤點		
姓名：露西・班克斯		
	…	
	填答第 4 章的熱力學問題	2 個番茄鐘
	向馬克默背熱力學定律	3 個番茄鐘
	統整熱力學定律	3 個番茄鐘
	打給蘿拉：邀她參加熱力學研討會	
	打給馬克：筆電快還我！ 打給安德魯：買音樂會的票？	1 個番茄鐘
	寄信給尼克：你怎麼做課本 24 頁的第 2 題？	
	…	

圖表 21　合併小於 1 個番茄鐘的事項

🏅 高效訣竅

用不錯的鉛筆和橡皮擦就能修改事項盤點表。

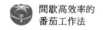
可用的番茄鐘

　　現在你替各事項預估了番茄鐘數，能把事項填進今日
工作表，不超過一天可用的番茄鐘總數即可。通常是先寫
下番茄鐘總數，再填入事項。圖表 22 是以 8 個可用的番
茄鐘為例，選擇當天要做的事項填入，視需要合併事項
（基本原則：如果不到 1 個番茄鐘，湊成 1 個）。事項是
按輕重緩急，依優先順序填入。預估的番茄鐘數用方格標
示於事項後面（圖表 22）。

今日工作	
姓名：露西・班克斯 日期：7 月 12 日，芝加哥 可用的番茄鐘總數：8	
填答第 4 章的熱力學問題	☐☐
向馬克默背熱力學定律	☐☐☐
統整熱力學定律	☐☐☐

圖表 22　預估的番茄鐘

你沒必要在 8 個番茄鐘之後加進其他事項。如果預估的番茄鐘數目大於實際所需，你也該在完成事項之後，再考慮剩下的番茄鐘怎麼用，從事項盤點表裡挑其他事項，補滿額外的時間。

可能範例

現在設定番茄鐘，一如既往從第 1 個事項開工。每當番茄鐘響，在右欄劃記「×」（圖表 23）。

今日工作	
姓名：露西‧班克斯 日期：7 月 12 日，芝加哥 可用的番茄鐘總數：8	
填答第 4 章的熱力學問題	☒☐☐
向馬克默背熱力學定律	☐☐☐
統整熱力學定律	☐☐☐

圖表 23　第 1 個完成的預估番茄鐘

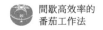
　　如果你完全按預估的番茄鐘數目完成事項，在表上把
該事項劃掉（圖表 24）。

今日工作		
姓名：露西・班克斯		
日期：7 月 12 日，芝加哥		
可用的番茄鐘總數：8		
	填答第 4 章的熱力學問題	☒☒
	向馬克默背熱力學定律	☐☐☐
	統整熱力學定律	☐☐☐

圖表 24　完全按預估番茄鐘完成的事項

　　如果你花更少番茄鐘就做完事項（預估過高），在表
上把該事項劃掉（圖表 25）。

	今日工作	
姓名：露西・班克斯		
日期：7 月 12 日，芝加哥		
可用的番茄鐘總數：8		
	填答第 4 章的熱力學問題	⊠⊠
	向馬克默背熱力學定律	⊠⊠☐
	統整熱力學定律	☐☐☐

圖表 25　預估過高

　　如果你已經用完預估的番茄鐘，需要更多番茄鐘把事項做完（預估過少），下列兩種方法擇一：

1. **繼續進行下一個番茄鐘並標記「×」**，不再做新的預估。圖表 26 是比預估多花 1 個番茄鐘才完成事項的例子。

2. **重新預估**。在原有番茄鐘的欄位，把新預估的番茄鐘以不同顏色或形狀標記上去。這方法凸顯第 2 次或第 3 次預估，以便之後回顧檢討（圖表 27）。

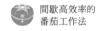

	今日工作	
姓名：露西・班克斯		
日期：7 月 12 日，芝加哥		
可用的番茄鐘總數：8		
	~~填答第 4 章的熱力學問題~~	⊠⊠
	~~向馬克默背熱力學定律~~	⊠⊠☐
	統整熱力學定律	⊠⊠⊠ ✕

圖表 26　預估過低

	今日工作	
姓名：露西・班克斯		
日期：7 月 12 日，芝加哥		
可用的番茄鐘總數：8		
	~~填答第 4 章的熱力學問題~~	⊠⊠
	~~向馬克默背熱力學定律~~	⊠⊠☐
	~~統整熱力學定律~~	⊠⊠⊠○○

圖表 27　第 2 次預估

　　如圖表 28 所示，露西花 4 個番茄鐘才完成統整，其
中 3 個番茄鐘是原先預估的（低估），後來預估的 2 個番
茄鐘只用掉 1 個（高估）。

今日工作	
姓名：露西‧班克斯	
日期：7 月 12 日，芝加哥	
可用的番茄鐘總數：8	
填答第 4 章的熱力學問題	⊠⊠
向馬克默背熱力學定律	⊠⊠☐
統整熱力學定律	⊠⊠⊠⊗○

圖表 28　第 2 次預估後完成事項

　　由於事項通常不會花超過 7 個番茄鐘（**規則：如果超過 5 至 7 個番茄鐘，拆成數個小事項**），預估通常不會超過 3 次。如果需要重估第 3 次，你必須審慎了解為何準確預估是如此困難。

記錄預估

　　現在我們介紹了預估的概念，記錄可以有更多的目標，包括：

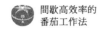
1. 衡量預估的準確度，分析各活動的預估時數與實
   際時數差距（預估錯誤）。

2. 指出哪裡需要更多預估（第 2 或第 3 次預估）。

現在，紀錄表需要調整，加上預估數目、實際數目和
兩者差距。圖表 29 和圖表 30 是兩個簡單例子。

紀錄						
姓名：露西‧班克斯						
日期	時間	類型	事項	預估	實際	差距
7月12日	上午 10：00	研讀	填答第 4 章的熱力學問題	2	2	0
7月12日	上午 11：30	記誦	向馬克默背熱力學定律	3	2	-1
7月12日	下午 2：00	統整	統整熱力學定律	3	4	1

圖表 29　僅第 1 次預估

紀錄的呈現方式有很多種。目標並不複雜，簡單的紙

筆計算即可，否則如果計算愈複雜，你愈會想靠電腦或應用程式代勞，那可不好。切記：記錄要力求簡單。

紀錄							
姓名：露西‧班克斯							
日期	時間	類型	事項	預估	實際	差距 1	差距 2
7月12日	上午10：00	研讀	填答第 4 章的熱力學問題	2	2	0	
7月12日	上午11：30	記誦	向馬克默背熱力學定律	3	2	1	
7月12日	下午2：00	統整	統整熱力學定律	3+2	4	-1	1

圖表 30　第 1 次和第 2 次預估

妥善探索

並非所有事項都可以預估時數。在新專案或新學習展開之際，花些時間探索格外有益，例如：尋找新資源、了

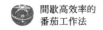
解大架構、清楚定義目標。為了讓探索有個方向，不妨運用時間箱的概念，設定探索的番茄鐘總數，當番茄鐘用完之後，要不就訂立真正的工作計畫，要不就著手處理事項，要不就決定繼續探索，並設定探索的方向。

> ### ⬡ 高效訣竅
>
> 提升預估準確度的首要目標是避免第 3 次預估，而且每次的預估錯誤愈小愈好。接下來是避免第 2 次預估，每次的預估錯誤同樣愈小愈好。最後，是讓首次預估的錯誤愈小愈好。

第**6**章

目標四：番茄鐘效果大升級

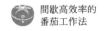

當你能善用番茄工作法，不受干擾打斷，預估變得準確，再來可以設法更上一層樓。

番茄鐘期間的架構

方法一關乎番茄鐘期間的架構。每個番茄鐘的前 3 至 5 分鐘，能用來短暫複習做這事項的收穫，而且是從開始做算起的收穫，不只是前一個番茄鐘期間的收穫，然後好好記在心裡。最後的 3 至 5 分鐘則能用來迅速回顧（可以的話，從上個事項一路回顧到最初動機）。

這樣做不需要調整番茄鐘的 25 分鐘長度。由於你已經胸有成竹，很了解在番茄鐘期間能做多少，所以從生理上就感覺到這 3 至 5 分鐘。如果實行不易，也許表示你尚未熟悉基本技巧。

> **⚫ 高效訣竅**
>
> 　番茄鐘的最後幾分鐘能稍做回顧。如果你想充分檢視工作的品質與方法，以期精益求精，則該規劃一、兩個番茄鐘來做（概略檢視則在每天記錄番茄鐘時進行）。

整組番茄鐘的架構

　　方法二關乎整組 4 個番茄鐘。如前所述，4 個番茄鐘當中的第 1 個番茄鐘能用來回顧收穫，而最後一個番茄鐘能回顧所做的事項。你可以大聲唸出收穫，可以跟團隊成員討論，則回顧與調整能事半功倍，反覆實行足以激發過度學習（overlearning）的效應，有助於記取收穫與啟示。

第 **7** 章

目標五：訂立時間表

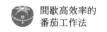
基於數個理由，你絕對不該低估時間表的重要性：

1. **設下期限**。期限有助於好好工作，全力以赴，力求在時限前完工，就如番茄鐘的鐘響（前提是我們真正體認到期限不得違背）。

2. **分隔工作時間與休息時間**。休息時間最好是拿來做非工作事項或臨時事項，如同燃料的作用，替頭腦加油。若無休息時間，創意、熱情與好奇心會下降，人會愈趨疲乏沒勁。就像若無汽油，引擎無法運轉。

3. **供我們衡量工作成果**。寫下今日工作表之後，目標就是在期限內盡力做好。如果工作無法如期完成，就設法了解問題所在。而且我們還得到一個寶貴資訊：這一天完成了幾個番茄鐘。

番茄工作法的重點不是浪費了多少時間，而是達成了多少番茄鐘。隔天你要記取數目，衡量當天有幾個番茄鐘，再依個數填入待做事項。

　　談到時間表，最大的問題是不夠重視，未加妥善遵守。假設現在是下午 3：00，你進度落後，不如預期，所以跟自己說：「今晚我加個班來彌補。」你既逞強又愧疚，結果今晚效率不彰，然後明晚效率不彰，後天晚上繼續不彰。愈是一再延誤，整體成果愈差。罪惡感像雪球愈滾愈大，但為什麼？亡羊補牢不行嗎？難道加班無法減輕罪惡感嗎？

　　其實，這容易陷入惡性循環：時程打破，疲憊堆積，效能下降，之後的期限繼續耽誤。

　　重點在於，妥切的時間表必須好好遵守。時間表有各個時段，安排各種事項，善加遵守意謂著擺脫「再 5 分鐘就好」的症頭。期限一到，就像番茄鐘一響，所有動作就此暫停。無論番茄鐘還有多少時間，你務必遵守一條基本原則：時間表永遠高於番茄鐘。另外，妥切的時間表得包括休息時間。

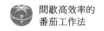
> ### 🍅 高效訣竅
>
> 　　如果重要事情的期限到了，你卻還沒做好，不得不趕工，這時，可以把加班時間加進時間表，以暫時刺激工作效率。一般來說，為了避免上述惡性循環，獲致正向結果，加班不該超過連續 5 天。你替這期間另訂特例時間表，並預留一段恢復期，用來因應必不可免的效率下降。

理想狀況的例子

　　我們以「上午 8：30 至下午 1：00」和「下午 2：00 至 5：30」兩個時段的時間表為例。現在是 8：30，亞伯特設定今天的第 1 個番茄鐘，準備從頭到尾回顧昨天做的事，迅速瀏覽事項盤點表，填進今日工作表，而工作表上會包括這個設定計畫的時段。

　　此外，亞伯特也用這個番茄鐘時段檢視辦公桌上的東西是否就定位，順手整理。當番茄鐘響起，劃記「×」，

休息一下。

　　下一個番茄鐘開始：第 1 個正式開工的番茄鐘。再來 2 個番茄鐘也拿來處理同一事項。整組 4 個番茄鐘結束，進行一次較長的休息。亞伯特雖想繼續工作，但接下來的工作負擔滿重，所以他決定休息久一點，不是休息最低時數的 15 分鐘，而是休息 20 分鐘。

　　接著，他設定新的番茄鐘，一連完成整組 4 個番茄鐘，然後查看手表，現在是 12：53，時間剛好夠再次整理桌面，把需要歸檔的資料擱在一邊，檢查今日工作表是否清楚填妥，然後再去吃午餐。下午 2：00，亞伯特在辦公桌就位，設定番茄鐘，重新展開工作。在各番茄鐘之間，他沒做多少休息。

　　然而，4 個番茄鐘之後，亞伯特開始疲憊，想好好休息，於是出去散步，盡量斬斷工作的事。30 分鐘後，亞伯特設定新的番茄鐘。鐘響，劃記「×」，休息一下。他把最後一個番茄鐘用來回顧今天，填紀錄表，註明待改進處，劃記明天的工作表，整理辦公桌。番茄鐘響，短暫休息，查看手錶，時間是下午 5：27。他整理四散的紙張，

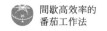
排好盤點表。下午 5：30，自由時間開始。

有關這個例子，在此提出兩點：

1. 時間絕少能都用來工作／讀書。依總時間 8 小時
   來說，2 個番茄鐘用來處理組織事項（1 小時），
   12 個番茄鐘（6 小時）用來工作或讀書。

2. 基於番茄工作法，流逝的時間並非第一重點。除
   非有干擾未妥善處理，否則在上午或下午結束之
   際，只須看完成了幾個番茄鐘即可。時間表由各
   組番茄鐘鞏固。幾分幾秒不重要，重點是按番茄
   鐘工作與休息。

遭到打斷的例子

假設前述例子第 2 組裡的第 2 個番茄鐘被干擾。

亞伯特工作中斷，無法繼續。這種事可能發生，番茄
鐘面臨作廢。最後，亞伯特終於能再度回頭工作，查看時

間，中午 12：20。他花一點時間重新規劃其餘時間，現在，只剩 1 個番茄鐘。不過，他仍決定先短暫休息再重新開工，設法趁機集中精神，等準備就緒，才動手設定，展開這組裡的第 2 個番茄鐘（上一個中斷了）。

下午，在第 3 個番茄鐘結束之際，亞伯特覺得需要不只 3 至 5 分鐘的休息，決定散步半小時，在出去前，迅速調整現在這組番茄鐘，原本剩 2 個番茄鐘，改為 1 個處理組織事項的番茄鐘，屆時若有額外時間，再拿來整理桌面和查看信箱。下午 4：47，亞伯特散完步回來，設定番茄鐘，鐘響，劃記「×」，休息一下，自由時間開始。

讓時間表更完善

一個工作日包含數個番茄鐘，如何安排才能發揮最大效能？**完善的工作計畫來自持續觀察檢討，目標是盡量使事項一個接一個完成。**

如果有一整天能讀書，起先時間表可能訂為「上午

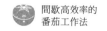

8：30 至中午 12：30」和「下午 1：30 至 5：30」兩大時段，上午有兩組各 4 個和 3 個番茄鐘，下午也有兩組各 4 個和 3 個番茄鐘。各組番茄鐘決定休息時間。

各組裡的番茄鐘甚至能進一步做安排。比方說，你可以用第 1 組裡的首個番茄鐘替當天做規劃，之後 3 個番茄鐘研讀新科目；下一組的前兩個番茄鐘繼續研讀，最後一個番茄鐘用來看電子郵件和聽語音信箱，若需要打給同學也是用這時段；第 3 組的第 1 個番茄鐘用來回顧上午，再來 3 個番茄鐘用來讀書，這安排能有效處理上午冒出的干擾；第 4 組的前兩個番茄鐘，用來複習今天與前幾天的所學，至於今天最後一個番茄鐘用來追蹤與分析資料。

這個讀書計畫的基本假設在於，早上的效率通常較好，剛用完午餐則效率不彰。這假設顯屬主觀。為什麼我們要檢視最初的時間表？原因是我們能了解成效，追蹤每天的各個番茄鐘與表現，從而明白哪組番茄鐘最有讀書效率、哪組番茄鐘最能發揮創意？據此調整讀書計畫，挪前移後，知道哪幾組番茄鐘要延長、哪幾組番茄鐘要縮減？更清楚自己的學習狀況。

規劃時間表的關鍵是：有意識的決定如何安排。目前以 4 個番茄鐘為一組的原因在於，這數目通常最能發揮效率。然而你也可以加長或縮短，以 3 個或 5 個番茄鐘為一組，每組之後休息 15 至 30 分鐘。時間表若欲有助效能，必得持續調整，每組番茄鐘的數目可以不同，因人因時而異，但以 4 個一組為優先考量。

🏆 **高效訣竅**

根據經驗，當時日變換，時間表也需變換。

第 **8** 章

目標六：設定自己的進步目標

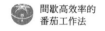
目前本書已經談完番茄工作法的基本要點。我們只須簡單的追蹤與記錄，幾乎不必額外加工處理，就能知道各事項所費的精力多寡，了解時數預估的誤差大小。如果我們想精益求精，自然得逐漸調整紀錄的目標。所有方面記錄得鉅細靡遺當然沒什麼用，我們該做的是看想提升哪方面，就記錄相關部分。

番茄工作法能依此靈活調整。基於不同的追蹤與記錄目標，前面章節所談的表格須調整更動，只是要記取幾個關鍵標準。各標準依重要程度說明如下：

1. 切記，用紙筆加橡皮擦比較簡單，用科技產品則讓事情變得複雜，進步變慢、彈性減少。

2. 追蹤力求簡單（有些小地方甚至記錄就好）。工具也要簡單，紙、筆和橡皮擦就很好用，當作頭腦體操。

3. 依你需要處理的複雜程度，選擇最適合的工具，以期記錄能保持簡便。先看紙、筆和橡皮擦是否管用，不行再換成電子表單或資料庫；如果還是

效率不夠，再考慮用專門軟體。

4. 如果加工與想像變得困難複雜且重複性高，你該
   自問所留意的數據是否必要。如果必要，你該考
   慮用電子表單、資料庫或專門軟體。Excel 軟體就
   能處理資料分類、文字過濾和特定計算等。

5. 避免日趨複雜的最佳利器乃是想像力。

好比說，先前我們以「寫一篇〈如何學音樂〉的文
章」為例，這目標分成三個事項。然而你可能需要同時處
理好幾個目標，這時要如何區別？

答案是你可以視情況改變呈現方式，把目標移到前頭
（圖表 31）。另一個方法是在事項盤點表、今日工作表
和紀錄表增加「目標」一欄，寫下描述、簡稱或代碼。把
目標下面的各項加總，就能算出所費的總精力。

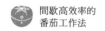
	今日工作	
姓名：馬克‧羅斯		
日期：7 月 12 日，芝加哥		
	〈如何學音樂〉：寫出文章（不超過 10 頁）	
	〈如何學音樂〉：大聲唸出以調整字句	
	〈如何學音樂〉：濃縮為 3 頁	

圖表 31　今日工作表

　　你也許想計算特定目標或事項所費的時間，這時只要從完成的時間追溯回填入的時間即可。由於你已經知道完成的日期（在今日工作表上），從事項盤點表的填入日期能知道這目標費時多久，從今日工作表的填入日期能知道這事項費時多久，紀錄表則能用來追蹤同一事項在數日之間耗的番茄鐘數量。

🏅 高效訣竅

　　無論如何，你是依照所訂的進步目標，決定要追蹤與記錄哪些數據。這時，得視實際需求調整做法，以期追蹤工作愈簡單愈好。

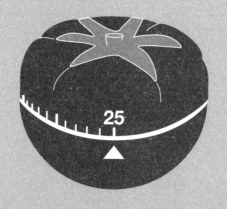

PART

3

達成團隊目標

第9章

番茄工作法的團隊應用

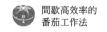
科學證據顯示，原始人從 200 萬年前開始狩獵。我更想知道，他們在何時首次放下傲氣，跟別人尋求合作，畢竟野獸兇猛恐怖，人類難以獨力獵捕。

如今，我們的多數目標同樣困難棘手，單打獨鬥無法成事，需要一臂之力方得成功。這類合作對象包括伴侶、家人、工作團隊、長年夥伴或臨時夥伴等。藉由團隊合作，我們突破困難，得以探索太空，得以破解基因。

現在，想像一群原始人首次設法獵捕龐大的野獸，他們一開始沒有成功，只團團圍住獵物，分別展開進攻，各行其事、群龍無首。野獸見狀明白午餐有著落了，不禁得意嚎叫。

無法阻絕干擾，進度停滯不前

進行團隊合作時，目標往往比較複雜，相應的事項也就更急迫難料，一旦遇到干擾延誤更束手無策。

當目標變得複雜，與人合作的需求就增加。而牽涉的

人員愈多（團隊成員、外部顧問與協力廠商等），干擾延誤就愈多。

如果團隊缺乏時間管理策略，缺乏善用時間發揮成效的策略，團隊成員容易焦慮害怕。

假設，今天下班前，你需要呈交銷售報告給主管。所有團隊成員負責一個事項：安琪拉負責資料分析（這相當耗時）、麥克負責從最佳顧客那邊蒐集意見回饋。你和團隊做好妥善規劃，目標確實可行，但意外狀況出現。安琪拉離開位子，因為她剛接到電話，沒擋掉這干擾，至於麥克，連絡不到某些客戶卻沒跟你說，只默默死命連絡。

這報告非常重要，你相信團隊能準時交出，但傍晚 5 點到來，安琪拉與麥克說做不出來，這時，你作何感想？你之後還信任他們嗎？尤其可嘆的是，安琪拉與麥克都出於好意，只是缺了有效的時間管理策略。

這類狀況令人沮喪洩氣，團隊瀰漫焦慮，唯恐出現怨懟，成員可能互相指責，衝突摩擦，彼此的信任分崩離析。結果我們只圍著目標團團轉，針鋒相對、猜忌懷疑，導致蠟燭兩頭燒，團隊氣氛緊繃焦慮而沮喪。

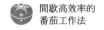
當團隊落入這般田地，不啻淪為野獸的盤中殮。

番茄工作法如何協助團隊達成目標？

透過番茄工作法，我們希望下午 5 點交出銷售報告，
免於壓力與摩擦，全員皆感滿意。

團隊採用番茄工作法做為時間管理策略的益處多多：

1. 減少成員的摩擦

2. 減少不必要的開會

3. 避免干擾打斷

4. 協助及時達成目標與事項

在下面的章節，我們會探討團隊如何從番茄工作法獲
益的具體做法。

為達此目的，我們必須進一步擴充番茄工作法的工具
與程序。

　　工具是指定時器和表格，程序則是指藉工具達成目標，在問：「各種時候怎麼做？」例如：番茄鐘響時怎麼做？被干擾時怎麼做？有些規則有益，例如：如果超過 5 至 7 個番茄鐘，則拆成數個小事項；有些做法有益，例如：告知、協調及回覆。

　　現在，我們先討論團隊如何應用番茄工作法的工具，然後探討提升效能的規則與做法。

　　準備好了嗎？現在就開始！

第 **10** 章

0　　5　　10　　15　　20　　25

團隊如何運用番茄工作法

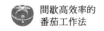
番茄工作法有六大目標：

1. 找出事項所費的精力

2. 減少干擾打斷

3. 預估做事所需的精力

4. 提升番茄鐘的效果

5. 設定時間表

6. 設定個人的進步目標

在「達成個人目標」部分，我說明獨自工作時如何達成上述目標。然而，我也遇過許多想提升效能的團隊，許多人問我如何把番茄工作法應用於團隊合作，該做哪些調整？現在，我很榮幸能參與你的團隊，並且回答你的問題。我們開始吧！

團隊成員各自設定番茄鐘，還是大家共用？

各微團隊有自己的番茄鐘。基本原則是：**每個微團隊都擁有各自的番茄鐘。**

何謂微團隊？

微團隊就是做同一個事項的人員，人數不限。舉例來說，假設一個團隊有 3 名人員，需要達成某個目標，2 人聯手做同一個事項，第 3 位做另一個事項，這時，團隊裡就有 2 個微團隊（圖表 32）。

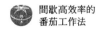

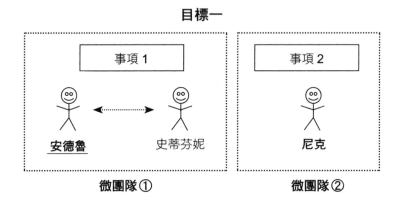

圖表 32　微團隊

　　在所有圖例中，畫底線的名字代表負責率團隊達成目標的人；粗體的名字代表負責完成事項的人，並負責管理該事項的微團隊；雙箭號代表人員之間的互動關係。

　　各事項由微團隊完成。微團隊可以是獨自一人，也可以包括整個團隊。若為獨自一人，必然自行負責該事項，並負責微團隊。

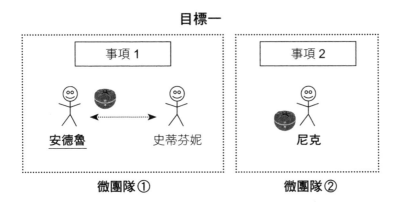

目標一

事項 1

安德魯　　　史蒂芬妮

微團隊①

事項 2

尼克

微團隊②

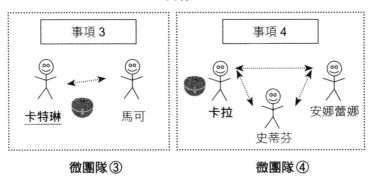

目標二

事項 3

卡特琳　　　馬可

微團隊③

事項 4

卡拉　　　　安娜蕾娜

史蒂芬

微團隊④

圖表 33　目標與微團隊

　　圖表 33 呈現 8 人團隊在特定時刻用的番茄鐘。這團
隊有 2 個目標，第 1 個目標共有 3 名成員，包括一個 2 人

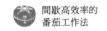
的微團隊,以及一個單人的微團隊;第 2 個目標共有 5 名
成員,包括一個 2 人的微團隊,以及一個 3 人的微團隊。
基於每個微團隊都擁有各自的番茄鐘的基本原則,各微團
隊以各自的番茄鐘執行目標。

為什麼不是所有成員共用一個番茄鐘?

休息是番茄工作法的關鍵重點,頭腦能趁機處理方才
接收的資訊,想出問題的解方。而且,休息對團隊工作更
形重要,團隊成員必須抱持開放、樂於傾聽、精神專注,
彼此才能有效互動合作,如果休息不當的話,大家壓力較
大,難以妥切合作。

無論是各番茄鐘之間的休息,還是各組 4 個番茄鐘之
間的休息,實在無從設下特定時間。一個番茄鐘結束時,
這個微團隊也許打算 2 分鐘後展開下一個番茄鐘,另一個
微團隊也許覺得需要休息 5 分鐘才行。

每個微團隊必須能自由決定休息時間的長短。每個微

團隊的工作節奏不同，事項內容各異，人員組成與互動方式都無從一概而論。**唯有微團隊成員自己知道須休息多久，再開始下一個番茄鐘。**

如果硬是要求各微團隊同步進行，共用一個番茄鐘，如同在生產線上，則大家只好放下一己所需，無從自選休息時間，互動合作會打折扣。

🍅 高效訣竅

另一個勿共用番茄鐘的理由關乎干擾處理。如果其中一個微團隊因為接到緊急來電，而番茄鐘被打斷，其他微團隊沒道理一起停工，導致整個團隊的番茄鐘悉數作廢。

如何讓大家一起開會？

我們可以靠團隊時間表規劃全員參與的事情：開會和全員休息。

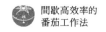
每個微團隊自行決定何時開始番茄鐘，決定休息時間的長度，但無論各微團隊的番茄鐘剩多少分鐘，不妨記得一條規則：**時間表永遠高於番茄鐘**。藉由團隊時間表，我們能滿足全體開會或休息的需求。

1. 每天上午的 11：30 至 11：45：全員在二樓廚房一起休息。

2. 每週五下午 3：00 至 5：00：全員在 401 號會議室一起開會。

> 🍅 **高效訣竅**
>
> 誰該負責安排團隊時間表？答案是團隊各成員。

由誰設定番茄鐘？由誰預估？由誰記錄？

微團隊負責人要做很多事情和決定：

1. 設定番茄鐘 —— 番茄鐘是由負責人實際啟動

2. 決定番茄鐘的架構 —— 前面或後面 5 分鐘怎麼用

3. 替每個完成的番茄鐘劃記「 × 」

4. 決定各干擾的處理方式

5. 視團隊成員的需求，決定休息時間的長度

6. 記下微團隊整天下來的各個番茄鐘

這些事情與決定提高負責人做好事項的責任感。

番茄工作法的表格需要調整嗎？

現在，我們來一一探討各個表格如何應用在團隊的目標上。

今日工作表的調整
當你是微團隊負責人的時候，唯一要做的調整是加入成員名字。

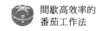
今日工作		
姓名：馬可 日期：9月20日，洛杉磯		
	~~蒐集銷售報告的數據~~	馬可：✕
	~~查核銷售報告的數據~~	馬可、史蒂芬：✕✕
	準備銷售報告	馬可、安娜蕾娜、卡特琳： ✕

圖表 34　今日工作表

　　圖表34是馬可的今日工作表。他在準備銷售月報：
這是他本週的目標。根據這份今日工作表，我們知道他用
1個番茄鐘完成「蒐集銷售報告的數據」，跟史蒂芬一起
用2個番茄鐘完成「查核銷售報告的數據」，最後跟安娜
蕾娜與卡特琳用1個番茄鐘完成「準備銷售報告」。

紀錄表的調整

　　談到團隊工作，紀錄表在呈現番茄鐘的預估數目與實
際數目：

紀錄							
日期	時間	類型	事項	預估	實際	差距 1	差距 2
9 月 20 日	早上 10：00	撰寫	準備銷售報告	2 個番茄鐘／3 人	5 個番茄鐘／3 人	3 個一	

圖 35：紀錄表

圖表 35 的紀錄表呈現兩點。第一，馬克預估他們 3 人團隊要花 2 個番茄鐘來做「準備銷售報告」。第二，實際上卻花 5 個番茄鐘才大功告成。

紀錄表只有一張，由所有團隊成員共用。一天結束時，各微團隊負責人分別填上。

事項盤點表的調整

事項盤點表需要簡單調整：

1. 加上「負責人」一欄
2. 在預估欄記下微團隊做完特定事項所須的「人數」與「番茄鐘數」。

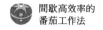
事項盤點			
備註	事　項	預估	負責人
	…		
	準備新產品的投影片	4 個番茄鐘／2 人	卡特琳
	…		

圖表 36　事項盤點表

　　根據圖表 36 的例子，卡特琳是「準備新產品的投影片」的負責人，預估 2 人花 4 個番茄鐘能大功告成。

0　　　5　　　10　　　第 **11** 章　　　15　　　20　　　25

應用於團隊的簡單做法

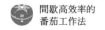

前一章說明番茄工作法的定時器和表格如何應用於團隊合作，但我們還需要新的規則與做法。如果有人問我會給開始應用番茄工作法的團隊什麼建議，我會推薦下列兩個立刻就能實行的簡單做法。

番茄鐘輪調

這源自番茄工作法在 1990 年代晚期最先的應用：依特定輪調頻率（通常是每完成 1、2 或 4 個番茄鐘），微團隊之間互換一位成員。

我知道大家往往抗拒這種輪調，不想離開熟悉的微團隊：「這對工作不是一種干擾嗎？我們要如何協調，才能平順調換？這樣難道不會需要更長時間才能完工嗎？不會打斷工作的順暢進行嗎？」

出人意料的是，**系統性輪調其實能促進工作效率。每個新加入的成員也許帶來新點子、提出新解方**。定期輪調有下列功效：

1. 分享知識

2. 提升團隊技能

3. 讓團隊人員更能互換與調度

4. 讓團隊了解各目標的進展，並避免無謂的開會

　　大家能靠一點常識讓微團隊之間的輪調更順暢，就算每個番茄鐘都輪調也行。微團隊①的番茄鐘剛剛響了，負責人卡特琳希望微團隊②的史蒂芬和馬可互換，但微團隊②還在進行他們的番茄鐘，而微團隊③則剩 2 分鐘就休息。這時，卡特琳能選擇稍等一下，改找微團隊③的史蒂芬妮而非史蒂芬來輪調。

　　若大家發揮溝通與調整能力，就能把輪調的阻礙化為機會，好好分享知識，善加提升技能。

🌀 **高效訣竅**
　　若強迫輪調會打擊工作心情，請務必取得團隊成員的同意。

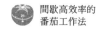
拍下番茄鐘

　　我們團隊採用這個做法很多年了。當番茄鐘響起,我們會拍張照。照什麼?照我們微團隊在番茄鐘期間做了什麼。一個番茄鐘,配一張照片。我們常拍不了解或沒解決的東西,也可能是拍成果。

　　一天結束之際,我們有各微團隊按時間順序在每個番茄鐘後的照片。這不只能簡化紀錄,減少記錄的時間,而且有助於在短短幾分鐘就掌握數週的工作,從視覺加以綜覽,更容易找出問題的解方。

第 **12** 章

為何團隊需要進階做法

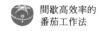
我從 1990 年代晚期開始擔任時間管理教練,協助團隊應用番茄工作法。這純屬機緣巧合,當初,那團隊約莫 10 人,是義大利米蘭某家銀行的軟體開發師。我當時是顧問,協助各公司的團隊提升軟體開發工作,找出他們自身問題的解決之道。

基於這目標,我給他們很多資料讀,但不久後,問題浮現:**我什麼時候該讀?怎麼讀得有效率?怎麼不害怕和焦慮?**我對這些問題很熟悉,某次休息時,隨口提及自己的解決方法:定時器、25 分鐘、今日工作表與事項盤點表等等。他們問了些問題,然後我們繼續工作。下個月,他們卻提出一個我不會回答的問題:**我們如何把番茄鐘應用在團隊工作?**

這問題背後有各式各樣的焦慮害怕。這團隊的軟體開發進度總在延誤,平均比預估的多花四倍時間 —— 預估 1 個月卻拖成 5 個月。無怪乎,主管不再信任他們。

團隊承受莫大壓力,導致犯錯連連。主管常衝進團隊的開放式辦公室,叫他們立刻放下手邊工作,修正外部用戶或銀行顧客發現的程式錯誤。他們常得加班,甚至假日

工作,為程式除錯忙得昏天暗地,不可開交,無法做原本的事,計畫屢屢延誤,預估愈差愈大,狀況雪上加霜,大家氣餒沮喪、壓力重重。

歸功於米蘭的那個團隊,現在,你們有這本書可讀。由於他們在各會議與網誌上分享成功經驗,替番茄工作法推波助瀾,後來,這方法席捲全球成千上萬人,現在也包括你在內。

雖然米蘭團隊的例子顯得極端,但團隊工作確實常面臨延誤拖拉,預估嚴重失準,壓力排山倒海,失去主管或客戶的信任。

有時,事項就是太複雜,微團隊做不來。同事或客戶的干擾常讓團隊難以招架。微團隊也許得等另一個微團隊把事情做好,自己才能開工,結果就被拖累耽擱。這些都可能上演,還遠不只於此。團隊面對沮喪,面對壓力,士氣低落,效率不振,全隊陷入泥淖動彈不得。

如何協助團隊處理複雜問題與干擾？

在後續章節，你會讀到我和團隊憑番茄工作法解決上述難題困境的「最佳辦法」。由於米蘭那個團隊的經驗，我開始蒐集各種成功做法，加以改良精進，至今將近二十年，檢驗過一大堆訣竅，與不同規模、技能與經驗的團隊實際應用。

對我來說，每個做法背後都有一支團隊 —— 代表他們的焦慮、害怕與成功。但願你跟我一樣，覺得這些做法很管用。

第 **13** 章

櫃台辦法

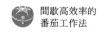
　　本章的主角是位於德國柏林的筆電維修店。他們的店
面出奇的小，你進去時會看到左邊有一區擺著舒服的沙
發，面前是櫃台，櫃台後面有個準備替你緊急處理疑難
雜症的店員，店員後方有一塊黑色布簾，你看不見布簾後
面，但那正是他們替你挽回筆電性命的地方。

　　干擾是團隊極常碰到的棘手難題。光是一個干擾就唯
恐打斷全團隊的工作。櫃台辦法展現番茄鐘和時間表如何
助團隊處理干擾，最棒的是把干擾加以轉換，變成知識分
享的機會，進而提升工作效率。

　　那天，我踏進筆電維修店，發現跟櫃台辦法的諸多相
似之處，現在，且聽我娓娓道來。

問題

　　團隊正進行工作，卻面臨各方的要求，來自同事、客
戶、顧問、主管與供應商等，每一個要求都得立刻回覆，
團隊成員接二連三受打斷，整個團隊的產能受到影響。

解方

櫃台辦法協助團隊處理一大堆外部干擾，協助各成員分享知識。基於說明之便，現在想像一個 8 人團隊，他們能做下列兩點：

1. **建立櫃台或其他物理障礙，不讓外人進入微團隊的工作區域。團隊不該讓外人看到。** 我從沒實際用過布簾，但要的效果並無二致。為了強調這效果，之後我會稱這團隊為「幕後團隊」。
2. **建立「櫃台團隊」，包含一個或數個微團隊，工作是處理顧客的要求。** 根據我的經驗，8 人團隊最適合的微團隊人數是 2 人。在圖表 37 中，卡特琳和馬可組成櫃台的微團隊。

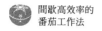
🌋 **高效訣竅**

　　通常會認為，處理顧客要求是由 1 人負責就夠了。
不過，我建議櫃台的工作由 2 人一組負責，以期妥善理
解需求並避免錯誤。

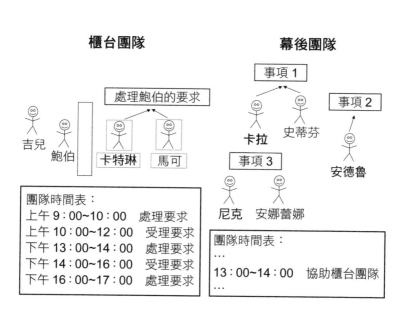

圖表 37　櫃台辦法

　　規劃「受理要求」時段與「處理要求」時段。以圖表 37 來說，顧客能在上午 10：00 至 12：00 及下午 2：00 至 4：00 到櫃台向卡特琳和馬可尋求協助，但上午 9：00 至 10：00、下午的 1：00 至 2：00 和 4：00 至 5：00 不行，後面這三個時段卡特琳和馬可得整理與處理要求。

　　規劃幕後團隊協助櫃台團隊的時段。以圖表 37 來說，包含卡拉、史蒂芬、尼克、安娜蕾娜和安德魯在內的「工作團隊」，會用這時段協助櫃台團隊的卡特琳和馬可，處理他們倆處理不來的疑難雜症。

　　設定輪調的頻率。一般來說，事項負責人留著不動，幕後微團隊的人員跟櫃台微團隊的人員對調，通常每 4 或 8 個番茄鐘對調一次，或是每日對調一次。團隊成員愈有辦法調動，實行輪調的經驗愈多，則輪調頻率可以愈高。

> 🌑 **高效訣竅**
>
> 　　談到兩個團隊的時段規劃，幕後團隊也需要有時間向櫃台團隊釐清顧客的需求。以圖表 37 來說，這可以在下午 1：00 至 2：00 進行。

櫃台團隊受理顧客要求時，會遇到下列三種情況：

1. 櫃台團隊知道如何處理要求，立刻給予協助。以圖表 37 來說，這是指上午 10：00 至 12：00 及下午 2：00 至 4：00。

2. 櫃台團隊知道如何處理要求，但需要花點時間，所以寫下要求，預估所需的時間，然後訂下回覆顧客的時間。以圖表 37 來說，這是指上午 9：00 至 10：00、下午 1：00 至 2：00 和 4：00 至 5：00。

3. 櫃台團隊無法處理要求或預估時間，於是寫下要求，加進幕後團隊的處理清單，由幕後團隊在預定的時間處理。以圖表 37 來說，這是指下午 1：00 至 2：00。

🍅 高效訣竅

　　這辦法有可能被誤解。我常看到新職員在錄取後只負責櫃台。這決定說得通，團隊成員能「留在幕後」，

從事既定工作，但缺點在於，團隊失去櫃台人員的寶貴經驗，較難找出提升產品或程序的機會，所以我建議櫃台團隊至少要有一名幕後人員。

優點與缺點

櫃台辦法的優點如下：

1. **雙贏局面**。你既讓客戶與同事滿意，又確保團隊其他成員不受干擾打斷的追尋既定工作目標。
2. **分享竅門**。解決問題與回應要求是了解系統或產品的絕佳之道。
3. **發現產品或程序的漏洞**。多加了解同事或客戶的要求，有助於發現改善產品或程序的機會。

櫃台辦法的唯一缺點在於，幕後團隊可能要花更長時間以達成目標，原因是人員須由幕後輪調到櫃台。

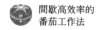

🍅 **高效訣竅**

　　按我的經驗，幕後團隊常更快達成目標。管好干擾所省的時間，多過人員輪調所耗的時間。換言之，如果拿「6 個人員不受干擾」和「8 個人員但受干擾」相比較，前者所花的時間與精力可能較少。

第 **14** 章

番茄黑客松

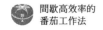
　　無論你年紀高低，只要樂於接受挑戰，我會推薦你參加黑客松。「黑客松」一詞出現於 1990 年代，結合「黑客」（hack，又譯為駭客）與「馬拉松」二詞。黑客松裡的「黑客」不是指非法駭進電腦系統，而是指想方設法解決難題，最後得到的解方也許不見得是最好的，但至少一定有效。

　　黑客松能為期數小時或數日，通常辦在週末，會有一道難題，例如：發明別開生面的電玩遊戲、突破工作安全與健康的技術瓶頸，或以創新方法改善城市的行車狀況。你能單打獨鬥，也能組隊參加（但組隊顯然有趣許多）。最佳解方通常會贏得大獎。我不確定是否有人在黑客松上用番茄工作法，本章拿黑客松命名是取其參加者對目標的熱衷態度。

問題

　　微團隊使盡渾身解數想完成特定事項，這事項也許需

要大量研究，也許錯綜複雜，也許未知難測。如果沒有及時完成，團隊其他成員會跟著一起卡住，無法向前。

解方

當事項複雜罕見或涉及風險，團隊能靠番茄黑客松盡量以最短時間考量許多解方，從中選擇。

為了說明這辦法的應用方式，現在，想像你是番茄黑客松的主辦人，舉辦的步驟如下：

1. **邀一部分或全體團隊成員參與番茄黑客松**。最佳地點通常是一間大會議室。

2. **任命評審**，通常由遇到難題的微團隊人員擔任，而這個微團隊的人員也能參與番茄黑客松。有時評審是團隊以外的人，如顧客、用戶或主管。有時，評審由所有團隊成員擔任。

3. **設定賽事的番茄鐘數**。我通常設為 4 個番茄鐘，

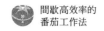
依經驗來看，這已足夠得出有用的解方。番茄黑
客松的時間可長可短：依問題的複雜程度與急迫
程度而定，但最起碼要 1 個番茄鐘。你說明比賽
長度時，務必清楚說明截止時間不容討價還價。
如果你設為 4 個番茄鐘，比賽就是在第 4 個番茄
鐘響起時結束。

4. **請參加者分為各個微團隊，選出負責人**。微團隊
的人數取決於問題種類與問題難度，我個人很喜
歡 2 人的微團隊，2 人一組短小精悍。此外，團
隊成員的輪調互換能力也影響微團隊人數。比
方說，假設黑客松的主題為「替部落格想新版
面」，你們團隊成員都有專精領域，則你也許希
望微團隊由商業分析員、圖像設計師和文案撰稿
人組成。如果團隊成員較無特殊的專精領域，微
團隊的組成方式就有彈性得多。

🌀 **高效訣竅**

　　我通常偏好讓團隊成員自行組成微團隊，而且向來喜歡「反常」的微團隊：由不常共事的人員組成。我知道人會想跟熟悉的夥伴共事，此乃人之常情，但打破習慣編組有助於創新。

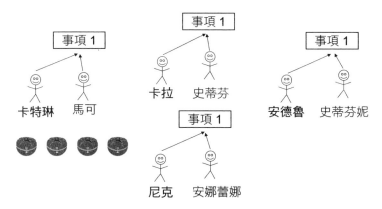

圖 38　番茄黑客松──4 個番茄鐘、4 個微團隊、1 個事項

5. **把題目（即想得到解方的事項）告訴所有黑客松參加者。**各微團隊會按你設定的比賽長度一起絞盡腦汁。

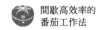
6. **替所有黑客松參加者設定番茄鐘**。對於每個番茄鐘，你在第 5 分鐘、過掉一半，及剩 5 分鐘時告知大家。

7. **宣布贏家**。在你設定的比賽結束時間，評審替各微團隊的解方評分，挑出最好的一個。我通常設定 1 個番茄鐘供評審評分，1 個番茄鐘供他們向參加者說明獲勝的解方。不過，我最喜歡由所有參加者擔任評審，這時，各微團隊用第 1 個番茄鐘迅速展現自己的解方，用第 2 個番茄鐘評分並票選最佳解方。為什麼我喜歡這樣？首先，所有參加者對於獲選的解方，能有一致的認識。第二，這樣常有新點子冒出來，把解方變得更好。

當然，大家不見得能成功。萬一在比賽期限內沒有好解方出現怎麼辦？這可能發生。這時，你可以多加一輪比賽，但要給大家一段較長的休息。

在番茄黑客松的第一輪，我不推薦各微團隊互換人員。然而，在後面各輪，互換人員是好點子。根據經驗，

乍看不搭調的微團隊到頭來往往表現亮眼，提出最別具創意的解方。

🌑 **高效訣竅**

　　這是我首次讓全體團隊用同一個番茄鐘。事實上，這是我推薦團隊共用番茄鐘的唯一情況。為什麼？因為我想在複雜急迫的挑戰裡強調番茄鐘的休息時間。人喜歡挑戰，尤其首次參加番茄黑客松時可能會想一連工作 4 個番茄鐘以上，一路拚到底，壓根不休息，而你的職責是提醒他們休息的目的：「鬥志高昂很好，但可別一連拚 4 個番茄鐘，搞得累壞了！每個番茄鐘都該沉著冷靜，頭腦清楚才行。」你是想幫大家。在這種挑戰下，逼大家休息很有幫助。

優點與缺點

　　舉辦番茄黑客松的優點在於，團隊能針對關鍵事項迅速想出許多解方。當你們團隊碰到常屬複雜的問題，動彈

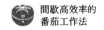
不得，需要立刻得到創新解方，這時，若能有許多解方互
相比較可謂非常寶貴。

　　缺點則在於，所有參與番茄黑客松的微團隊得暫時放
下原本手邊的工作。

0   5   10   第 **15** 章   15   20   25

攻城槌辦法

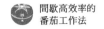
　　根據古羅馬建築師作家維特魯威（Marcus Vitruvius Pollio）的《建築十書》（*On architecture*），亞述人在西元 8 世紀發明攻城槌，這個最簡單的戰爭機器從此問世。攻城槌雖看似簡單，威力卻十足：一根木頭前覆青銅，狀似槌頭。在古羅馬時代，攻城槌簡直所向披靡，沒有堡壘擋得住。若有機會取得《建築十書》，絕對值得一讀。

　　如今我們面對的「牆」是看似無從通過的難關，橫亙在我們與目標之間。攻城槌則是我們找出並應用各種解方的能力。每個我們拿來對付問題的新點子，就像拿攻城槌撞向城牆。

　　當你覺得困在一堵牆前過不去，向他人觀點取經有助於想出新點子。我們愈能跟不同人這般腦力激盪，愈可能攻破城牆，直取目標。

問題

　　想像團隊當中有 4 個微團隊，各有 2 名成員。各微團隊分別從事不同事項，各有 1 位負責人（圖表 39）。

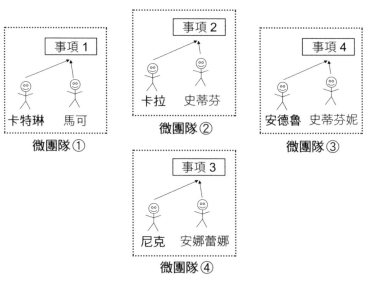

圖表 39　團隊

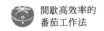

　　事項 1 比預期的更複雜，負責的微團隊陷入苦戰，幾乎束手無策。整個團隊若欲達成目標，勢必得做好事項 1；如果事項 1 沒完成，其他微團隊跟著卡住，無法繼續進度（圖表 40）。

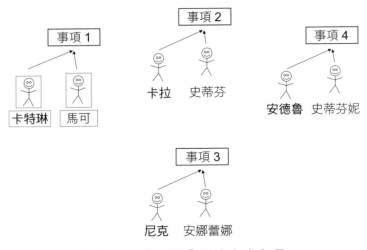

圖表 40　微團隊①無法完成事項 1

　　其他微團隊各自埋首努力完成事項，不能被干擾。微團隊①一試再試，仍束手無策。這下子看來，有必要請全團隊集思廣益，設法解決問題。

解方

透過攻城槌辦法，團隊能在不打斷工作進行下，集眾人的經驗完成事項。要避免其他團隊無法繼續進度，這辦法格外有用。協助微團隊①完成事項的流程如下：

1. 微團隊①的負責人向其他人求助，扼要說明問題。

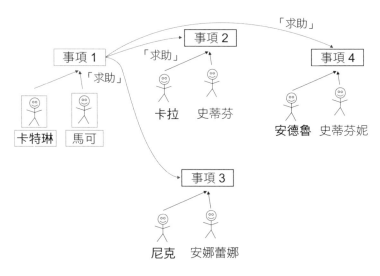

圖表 41　求助！

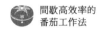

2. 對其他微團隊來說，這是外部干擾（圖表 41）。
   現在大家知道事態緊急，各微團隊負責人同意和
   微團隊①互換人員。微團隊②和微團隊③可以在
   下一個番茄鐘時互換，微團隊④偏好在兩個番茄
   鐘之後再換。

3. 事項 1 負責人卡特琳考量問題的複雜程度，斟酌
   不同微團隊的狀況，迅速寫下輪調名單（圖表
   42）：哪些人員換來跟她合作。

攻城槌辦法：3 個番茄鐘的行動計畫

第 1 個番茄鐘：微團隊①馬可與微團隊②史蒂芬交換

第 2 個番茄鐘：微團隊①史蒂芬與微團隊③安娜蕾娜交換

第 3 個番茄鐘：微團隊①安娜蕾娜與微團隊④史蒂芬妮交換

圖表 42　輪調名單

4. 輪調名單拿給其他微團隊看。所有微團隊保持 2
人，但其中一位會調進或調出微團隊①，每個番
茄鐘會有一名新人員。每個番茄鐘，攻城槌會愈
趨猛攻，攻破難題的銅牆鐵壁。

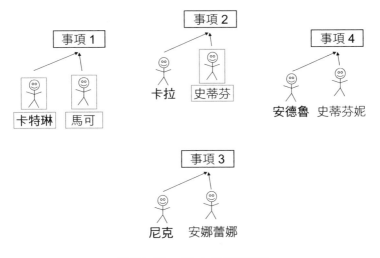

圖表 43　第 1 個番茄鐘

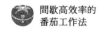
5. 在新番茄鐘開始時（圖表 43），微團隊①的負責
人繼續處理事項，但跟另一個夥伴合作，直到番
茄鐘響起為止。在番茄鐘的前面 5 分鐘，微團隊
①負責人卡特琳向新夥伴解釋當前的難題。在番
茄鐘的最後 5 分鐘，卡特琳向夥伴尋求意見回饋。

> 🍅 **高效訣竅**
> 　　事項 2、3 和 4 的負責人亦然，花番茄鐘的前 5 分
> 鐘協助新人員上手，最後 5 分鐘尋求意見回饋。

　　如果在第 1 個番茄鐘之後，問題仍未迎刃而解，事項
負責人就繼續進行，輪調名單上的下一個人員加入。卡特
琳持續處理事項 1，安娜蕾娜取代史蒂芬，開始跟卡特琳
攜手合作。史蒂芬加入尼克的微團隊，著手處理事項 3。
簡言之，事項負責人留著不換，其他人輪調互換。

高效訣竅

如果微團隊的人數超過 2 人，每次輪調最好還是以
1 人為限。

　　在這個例子，卡特琳規劃 3 個番茄鐘的輪調名單，但
如果 3 個番茄鐘仍不夠解決問題呢？這時，事項負責人可
以再次實行攻城槌辦法。

　　如果順利的話，求助（視同干擾）能有效得到回應：
事項負責人能向團隊說明問題所在，依大家的協助迅速列
出輪調名單，這段期間，各微團隊的番茄鐘仍繼續進行。
如果求助未獲妥善處理，事項負責人無法在 30 秒內列出
輪調名單，則各事項負責人必須作廢他們的番茄鐘。

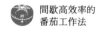
優點與缺點

攻城槌辦法的優點包括：

- 一個微團隊（如圖表 41 的微團隊①）面臨的問題分享給整個團隊知道，微團隊負責人從不同團隊成員的能力與經驗中獲益。
- 其他微團隊（如圖表 41 的微團隊②、③和④）能繼續做自己的事項。
- 各微團隊的負責人能從人員交換裡獲益，原因是人員的交換帶來知識的分享。

攻城槌辦法的缺點在於，需要打斷所有微團隊原本的工作。

⚙ 高效訣竅

　　靠 30 秒解釋問題並列出輪調名單似乎太短，但靠練習熟能生巧就可達成。幾個加快流程的方針如下：求援的人必須能以一句話描述問題，才能打斷其他團隊；其他微團隊立刻中斷工作，聽取問題；其他微團隊的人員只要自認能助一臂之力，立刻表達協助的意願。

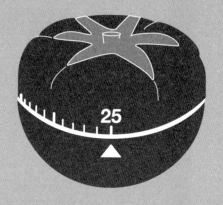

PART

4

實行成果

第 **16** 章

觀察

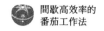
番茄工作法已經成功應用於各形各色的事項：工作安排、學習安排、書籍撰寫、技術報告底稿、演說準備、專案管理、會議、活動、研討會，及訓練課程。

這些應用番茄工作法的人或團體有哪些觀察？現在，我們來看一看。

學習時間

應用番茄工作法完全不須時間，直接就能開始應用。熟能生巧則須 7 至 20 天的持續實作。團隊比較容易持續實行番茄工作法。

> 🍅 **高效訣竅**
> 　根據經驗，2 人以上團隊的學習時間較短，實行成果較一致。不過，各組都有自己的番茄鐘。

番茄鐘的長度

談到番茄鐘該有多長，兩個要點須取得平衡，方有最佳效果：

- 番茄鐘必須代表有效的最小工作單位。換言之，各番茄鐘是衡量所付精力的相同單位，能互相比較。問題在於，人人皆知各時間的精力產出並不相同。月分各不相同：12 月的工作日數較少，地中海國家 8 月的工作日數同樣較少。同理，一個月分裡的各週不盡相同：我們不是每週付出相同精力。一週裡的每天各異：有些日子你能工作 8 小時，有些日子只能工作 5 小時（尤其需要外出的話），有些日子也許工作 10 至 12 小時（希望這種日子不多）。連一天裡的各小時都不同：每小時投入的工作精力不盡相同，主因在於干擾。從衡量單位的角度，小的時間單位（如 10 分鐘）也許比較不會被干擾打斷，但時間短到做不出甚

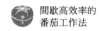
麼工作成果，而且追蹤起來太麻煩費事。因此，
依這個要點來看，半小時頗理想。

- 番茄鐘須促進清晰專注的思考。20 至 45 分鐘的時
  間長度經證實最能讓頭腦妥善專注運作，結束時
  搭配短暫的休息。

根據這兩個要點，我們認為理想的番茄鐘要介於 20
至 35 分鐘，最多不超過 40 分鐘。**依照經驗，番茄工作法
以 30 分鐘的長度最好。**

🍅 高效訣竅

在教學階段，我讓許多工作團隊自行實驗番茄工作
法，各自選擇番茄鐘的長度，觀察成效優劣。各團隊通
常選擇訂為 1 小時（25 分鐘起先顯得太短），然後訂
為 2 小時，然後縮短為 45 分鐘，再變 10 分鐘，最後
才決定為 30 分鐘。

變換休息的長度

休息的長度取決於你覺得多累。整組番茄鐘結束時的休息該有 15 至 30 分鐘。比方說，如果你整天從頭到尾繃得很緊，在倒數第 2 組番茄鐘和倒數第 1 組番茄鐘之間的休息時間，自然而然會休息到 25 分鐘。

如果你需要解決複雜無比的難題，各組番茄鐘之間需要休息 25 分鐘。如果你格外疲憊，不妨拉長各組之間的休息時間。不過，如果休息時間一直超過 30 分鐘，各組番茄鐘的工作節奏唯恐打斷。更重要的是，這代表你需要好好休息。

基於壓力而縮短休息時間是一種嚴重錯誤。你的頭腦需要時間整合舊資訊，才能在下一個番茄鐘期間接收新資訊，把問題解決。如果你出於忙碌就縮短休息時間，頭腦可能變鈍卡住，難以找出解方。

各番茄鐘之間的休息時間亦然。這些休息時間不該少於 3 至 5 分鐘。當你格外疲憊不堪的時候，你可以暫停工作達 10 分鐘。不過請切記，如果這類休息時間超過 5 至

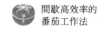
10 分鐘，番茄鐘的節奏唯恐亂掉。較好做法是完成現在這組番茄鐘，休息 15 至 30 分鐘。運用時間資源的最佳方式是工作得有策略，先是增加各組番茄鐘之間的休息時間，再視需要增加各番茄鐘之間的休息時間。

最合適的比喻是長跑選手。馬拉松展開時，他們雖然知道自己有體力跑快一點，但也對自身能耐有自知之明，明白眼前的挑戰，所以會妥善調控時間與體力，以期獲得最佳成績。

🍅 高效訣竅

初學者在完成一組番茄鐘後，不妨把定時器設為 25 分鐘，開始休息一番。這裡的目標不是嚴格死守 25 分鐘，而是確保你不會一連休息超過 30 分鐘。不過只有初學者該這麼做，之後你會明白自己的疲累程度和恢復程度，知道是否準備好開工。

對時間的不同感受

開始運用番茄工作法之後，最初幾天的明顯好處是注意力更集中，而這來自於對時間的不同感受。你會有的新感受包括：

1. 最初幾個 25 分鐘的番茄鐘似乎過得比較慢。

2. 持續運用番茄工作法幾天後，他們自稱能感覺到 25 分鐘何時過了一半。

3. 持續運用番茄工作法 1 週後，他們自稱能感覺番茄鐘何時只剩 5 分鐘。事實上，很多人說在這最後幾分鐘感到疲累。

我們能以數個練習提升對時間流逝的留意，激發這種感受時間的能力，從而更專注處理手頭事項。

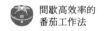
番茄鐘的聲音

番茄鐘有兩種聲音：一個是滴答響，一個是鈴響（25分鐘後）。談到這些聲音，許多事情得從兩個觀點考量：一為番茄鐘的使用者，一為相同場所的旁人。

番茄鐘的使用者

剛開始用番茄工作法時，滴答與鈴響也許滿惱人。緩和這兩種聲音的方法很多，但根據經驗，假以時日（甚至可能只須持續應用幾天）兩件事會發生：

1. 滴答聲變得撫慰人心：「它在滴滴答答，我在埋首工作，一切都很順利。」
2. 一陣子後，使用者甚至專心到聽不見鈴響，這有時甚至反而造成困擾。

這些對相同聲音的不同感受,顯然反映時間流逝感的改變。

番茄鐘的旁人

現在來考慮不得不「忍受」番茄鐘的旁人。這在大家共用空間時可能發生,例如:在大學自修室或是開放式辦公室。

基於尊重沒用番茄鐘的旁人,許多解決方案經過測試,依有效程度排列如下:發光或輕聲嗶響的手錶、震動或閃光的手機應用程式,及鈴聲很小的廚房定時器。

當團隊都在用番茄工作法,各微團隊的滴答與鈴響並不會惹人厭。

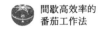
番茄鐘的形狀

你用的定時器顯然不必是番茄外型。舉凡蘋果、桃子、橘子、番茄、鍋子、球體或飛碟等形狀應有盡有──定時器的市場蓬勃興盛,花樣琳瑯滿目。挑選自己的番茄鐘(定時器),運用起來更愉快。

鈴響的焦慮

初學者在最初幾個番茄鐘也許感到焦慮,彷彿被番茄鐘所擺布。經驗顯示,兩種人最常有這感覺:

1. 原本缺乏紀律的人
2. 滿心想著成果的人

這兩種人都很難專注於番茄工作法的主要目標:**每個人藉由自我觀察,提升工作或學習。**

　　平素缺乏紀律的人通常是怕番茄工作法用來監控其表現，所以他們感到焦慮。在此我得強調，番茄工作法的目標不是外部分析或掌控。沒有監督員從旁監控人員的時間與做法。番茄工作法萬萬不該誤用為這種外部控制手段，而是用來滿足個人求進步的需要，得是出於自願。

　　看重成果的人比較尋常可見。每聲滴答像在催他們動作快，每聲滴答像在問「你工作得夠快嗎？」他們深陷所謂的流逝症候群。如今這隨處可見。他們通常是怕無法充分向他人和自己展現本事。

　　番茄工作法能用來比較，就算不跟別人比，至少能跟自己比，每個滴滴答答彷彿在揭穿能力的低落。他們眼看時間流逝，面臨壓力，於是想抄近路，但近路無從省時，反而造成缺失，導致干擾，使他們陷入更加害怕時間的惡性循環。他們如何能把滴答聲當成撫慰？他們原本也許下一秒就豁然開朗，想出解方，卻滿腦子只想著時間正在匆匆流逝，結果跟靈感失之交臂。

　　談到番茄工作法，首先要了解的是，**感覺很快並不重要，實際很快才是重點。而方法是學著衡量自我，觀察工**

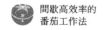
作狀況，一路完成番茄鐘。正因如此，實行番茄工作法的首要目標很簡單，就是標記剛完成的番茄鐘。

如果寫出 2 頁評論的初稿要花 4 個番茄鐘，重點不是你想用 2 個番茄鐘達成、不是想向大家展現你能用 2 個番茄鐘達成，而是找出從 4 個減到 2 個的方法。

最初的挑戰在於，如何根據每 30 分鐘蒐集到的測試結果分析工作方式，而且不在意成果好壞。只須工作、追蹤、觀察、視需要改變與進步。一旦你有這個認知，滴答聲響開始顯得不同。你得聚精會神，才能工作迅速。

下一步是做出預估，甚至替自己訂下挑戰（何樂不為呢？）──要在預估的時間內把事項做完。這是番茄工作法的規則之一，只是別抄近路！當標記已完成番茄鐘的「×」愈來愈接近預估數目，不免令人沮喪，但你必須大膽堅持、保持冷靜、聚精會神，才有辦法成功，持續進行帶來效能與創意。如果你聽到番茄鐘的滴答聲，那是在叫你全神貫注、集中精神、持續做下去！

> ### 🌀 高效訣竅
>
> 　　最初光是一天下來能不被打擾的完成 1 個番茄鐘就很讚了，這讓你觀察自己的進展。隔天，你的重點是不被打擾的完成至少 1 個番茄鐘，也許 2 個以上。基於番茄工作法，重點不是完成的番茄鐘數，而是持續進步，能完成更多番茄鐘。當你有一陣子沒用番茄工作法（如度假），重新運用時也要記取這一點，耐著性子，逐步提升到一天能完成 10 至 12 個番茄鐘。

持續內部干擾

　　當你持續感到內部干擾，難以擺脫，一整天連完成 1 個番茄鐘都很困難。這時，我會建議你把番茄鐘設為 25 分鐘，逼自己在一個接一個番茄鐘裡，增加持續工作不輟的時間（更重要的是別不進反退）。最終目標是持續工作 25 分鐘，不被打斷：「在這個番茄鐘，我設法持續工作 10 分鐘，而在下一個番茄鐘，我要持續工作 10 分鐘以

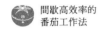

上，即使只多 1 分鐘也好。」一個一個把番茄鐘做到好。

下一個番茄鐘會更好

覺得有時間做事，卻沒妥善利用，往往令人自覺糟糕。你開始從過去一路想到未來：「如果昨天我有做好線上研究就好了，如果上週有寄那封信就好了……現在該怎麼在下週交出報告啊？」這帶來愧疚，引發焦慮。

番茄工作法協助你把注意力放在現在的番茄鐘上，等完成後再放到下一個番茄鐘上。你專注於此時此刻，尋求持續工作不中斷的具體方法，並以最合理的順序逐一完成事項。

你感到茫然時，可以花 1 個番茄鐘在探索，找出輕重緩急，擬定新的計畫。如果你有清晰的想法，卻有些地方不對勁，也許缺乏決心，也許缺乏勇氣，這時，別枯坐空等，而是設定番茄鐘，著手開始工作。

習慣拖延的人說，番茄鐘協助他們集中精神做好小事

（最多不超過 5 至 7 個番茄鐘的事項），不必擔心東、擔心西。**一次 1 個番茄鐘、一次 1 個事項、一次 1 個目標。對於習慣拖延的人，重點是明白最初目標是不中斷的完成 1 個番茄鐘（花 25 分鐘做特定事項）。**

哪種定時器最有效？

哪種定時器最有效：是機械式的，還是應用程式？根據經驗，最有效的向來是廚房定時器。總之，為了確保成效，番茄鐘需要符合數個要求：

1. 你要能像上發條。替番茄鐘上發條的動作如同一聲宣示：我決定開始做這個事項。
2. 定時器必須清楚顯示剩餘時間，而且發出滴答聲，供你練習感受時間與保持專注。
3. 定時器必須以容易辨識的聲響表示時間結束。

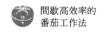

此外，番茄鐘使用者必須以明確手勢標記番茄鐘的結束，或是刪掉今日工作表上的已完成事項，所以，這些最好不屬於自動反應類型的動作。

提升預估準度

提升預估準度是番茄工作法能達到的有形成果。這包含兩個方向：

提升「量」預估：方法是減少預估番茄鐘數與實際番茄鐘數之間的誤差。換言之，擬定當日計畫時，可以更準確預測所費的精力。自我觀察與 30 分鐘評估是準確預估的基礎。依照經驗，當低估的數目等於高估的數目，足見預估準度有所進步。導致系統性低估或高估的策略該當揚棄。學習準確預估很重要，有助於提升番茄鐘的效果。

提升「質」預估：方法是減少不在計畫階段裡的事項數目。換言之，擬定當日計畫時，可以訂出該完成的事項

數目與種類；更強的話，不僅可以知道要做哪些事項，而且花最少精力。我們要是沒有正確訂出該做的事項，或是沒有訂出最有效的事項，**整體會出現低估**。基於番茄工作法，臨時事項須由使用者追蹤。使用者觀察各事項的本質，妥善理解，從而提升預測準度與安排能力。

為什麼番茄工作法能提升兩種預估？量性預估和質性預估的提升常源自於，我們所衡量的事項持續拆分得更小，符合這個規則：如果超過 5 至 7 個番茄鐘，拆成數個小事項。

小事項更容易了解與預估，預估錯誤隨之減少。小事項（但別太小）助我們找出簡單解方。事實上，拆分事項的目標絕不該是拆得愈小愈好，重點是盡量減少複雜度。

動機與番茄鐘

番茄工作法能從三個方面激發個人動機：

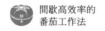
1. 一天裡完成數個既非太簡單、亦非太複雜的事項
   （基本原則：如果超過 5 至 7 個番茄鐘，拆成數
   個小事項），朝達成目標邁進
2. 每日直接帶來個人的進步
3. 歸功於持續觀察與衡量，體察自己的工作方式

如果一切出差錯呢？

如果你精神出錯或恐慌發作怎麼辦？如果你開始感到流逝的焦慮，截止期間分分秒秒愈來愈近，該怎麼辦？如果你完全停擺怎麼辦？天有不測風雲，這些事情可能發生，但番茄工作法正是在這類時刻格外有用。

首先，檢視一下情況，設法明白前一個番茄鐘的哪裡出錯。若有必要，重新安排事項。對新事項與創新策略持開放態度，以期掌握關鍵任務。專注於下一個番茄鐘。繼續工作。專注能提升速度，一次進行 1 個番茄鐘。

如果你疲憊不堪，你需要安排較短的番茄鐘組（如 3

個番茄鐘一組），各組番茄鐘之間休息久一點。你愈是疲憊、落後或驚慌，重點愈是回顧所為，而非一味往前衝。關鍵目標從來不是取回失去的時間，而是專心在所選的路跨出下一步，在你常另作他選的路。

番茄鐘有其極限

番茄工作法的主要缺點在於，為了有效達成目標，需要接受一點機械式小東西的幫忙。停用番茄工作法之後，前述多數正向效應會下降。

雖然你仍有能耐拆分事項，懂得適時短暫休息，但番茄工作法的效果主要來自實行時的紀律。

何時別用番茄鐘？

番茄工作法不該用於休息時間的事項，免得導致安排

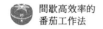
過度與目標導向，休息時間變得無法休息。

　　如果你純粹為娛樂而看書，別用番茄工作法。這是不做規劃的休息時間。

0　　　5　　　10　第 **17** 章　15　　20　　25

精通番茄工作法

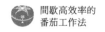
實際上，番茄工作法對個人或團隊產能的助益來自數個不同要點，歸納如下。

翻轉對時間的依賴

番茄鐘代表提取時間，像是個箱子，把時間的流逝放進去，**翻轉對時間的依賴**。正是基於這種對時間流逝的打破與反轉，另一種時間版本浮現。藉由有限的時間單位（番茄鐘），我們能打破對「流逝」概念的直接依賴。

具體來說，**番茄工作法把時間框住，讓時間倒數（從 25 分鐘倒數為 0），帶來良性壓力，有助於做決定。**一般來說，這刺激你發揮好表現，把事項完成。

時間的流逝不再顯得負面，而是正面。每個番茄鐘都是進步的機會，或是在遇到難題時迅速重整。愈多時間流逝，愈有可能提升處理能力。愈多時間流逝，愈能預估與規劃事項。愈多時間流逝，焦慮愈是緩和，取而代之的是全神貫注，聚焦此時此刻，並清晰思考下一步，產能隨之

增加。

此外，這種反轉機制也用來減少干擾，消除干擾，從而同樣提升專注程度，大幅促進產能。

調節事項的複雜度

我們能盡量提升幹勁，方法是每天完成數個既非太困難、亦非太簡單的挑戰。這些挑戰是依下列原則來調整：

1. 如果超過 5 至 7 個番茄鐘，拆成數個小事項。
2. 如果不到 1 個番茄鐘，湊成 1 個。

當事項較不複雜，往往更容易預估，預估誤差隨之縮小。當事項拆分為循序漸進的小事項，我們更能決心好好達成目標。

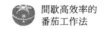
抽離

　　隨番茄鐘定時休息十分重要，頭腦能保持清楚，產能隨之增加。值得注意的是，許多環境厭惡休息，彷彿休息是一種缺點。許多公司似乎認為，「真正的主管從早上 9：00 開會，一路忙到晚上 10：00，從不離開辦公室半步」。然而這種極端行為時常導致心情沮喪，精神渙散，因而效率下降。

　　藉由運用番茄工作法，許多人開始了解抽離的價值與效益。**你每 25 分鐘休息一下，能從不同觀點看事情，想出不同解方，發現待修正的錯誤，得以發揮創意。抽離是提升持續工作的價值。**

　　但休息真的得是休息，而不是表面上在 25 分鐘的鈴響後擱下工作、在整組番茄鐘結束時擱下工作，但仍滿腦子念念不忘。透過番茄工作法，你會習慣停下來，從工作抽離，而不是一味埋首工作，導致個人或團隊的效率下降。這般停下來，抽離，從外頭觀察自己，從而更留意自身行為。暫停是優點而非缺點。

觀察與持續的意見回饋

番茄工作法是每 25 分鐘進行比較。番茄鐘的最初和最後 5 分鐘用來複習與回顧所做的事，了解做法是否有效。2 人一組最能發揮這個正面效益，勝過單打獨鬥或團隊工作。有些人甚至能在下一個番茄鐘就改變方向，重新規劃事項。

藉由每天至少記錄一次數據，外加每 30 分鐘進行追蹤，我們能依客觀數字衡量工作方式的效率。從這些紀錄，你能決定如何調整做法，提升工作成果，清楚定義目標或拆分事項，找出不必要的事項或環節加以屏除，測試事項安排的替代策略，提升番茄鐘數的預估準度。

由於番茄工作法，你有機會直接改進工作程序或讀書方式，所以更樂於實行自己的做事方法。

找出適合你的步調

遵照時間表和休息有助於持續工作。事實上，從早到晚不休息，一路工作或讀書，唯恐效率不彰。

工廠機器不休息的話，絕對能製造更多產品，但人類可不是工廠機器。

如果你遵照各番茄鐘之間及各組番茄鐘之間的休息時間，則能好好工作或讀書但又不失自己的步調。你會疲累，在所難免，但不會累過頭。

換言之，番茄工作法的使用者只要遵照休息時間，調控事項的複雜程度，假以時日都能找出自己的合適步調或心理節奏。

結語
提升番茄工作法的五大訣竅

準備好了嗎？有定時器了嗎？從番茄工作法的網站下載表格範本了嗎？那我們開始吧！

現在，你面前有一條進步之路，有賴紀律與觀察，也洋溢樂趣與快樂。你甚至還沒達到番茄工作法六大目標的第一項，就已經從實踐中獲得成果。

至於什麼能協助你跨出下一步，逐漸提升與進步呢？幾個訣竅與建議如下：

1. 每個番茄鐘都很重要。整個番茄工作法的目標是建立個人對時間的留意，亦即留意每個下一步。你每走一步，都更增加這份留意。觀察需要努力與紀律，所以你需要蒐集有關自身工作方式的資訊，而且要有系統的做。在這條路上，我們會擺脫幻覺，並驚豔於自己的進步。

2. 不必跟時間鬥。基於番茄工作法，你可以把時間

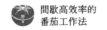
變成有助工作的工具。重點在於目標，時間是工具。你會跟鐵鎚鬥嗎？沒意義啊。有時，你也許想贏過時間，比如想在一天的結尾把番茄鐘數目衝高以破紀錄，但光是這樣做就已經輸了，誠如波特萊爾所言：「莫忘時間乃貪心的玩徒，回回奪得貨真價實的勝利！」所有與時間的爭鬥，注定以失敗告終。假設你爭到一半，突然發覺自己在幹麼，然後呢？該怎麼做？該停掉番茄鐘，好好深呼吸，切記：下一個番茄鐘會更好。

3. 休息。休息是番茄工作法最重要的要素。休息供你暫時後退一步，了解疲累程度，決定要停止或繼續。透過休息，下一個番茄鐘會更頭腦澄明，願意工作。休息提升產能，而且不須努力。

4. 一次達成一個目標。番茄工作法分成一系列循序漸進的目標。達成前面的目標，妥善應用，更能達成下一個目標。

為了解你是否真的達成目標而非自欺欺人，你不妨靠下列三個是非題檢視自己是否透過各目標確實往前進步：

1. 我是否能更清楚運用番茄鐘的最初和最後幾分鐘回顧剛做的事？
2. 我是否靠著大聲念出收穫，有效地進行回顧與調整？
3. 跟夥伴合作是否更能有效進行回顧與調整？

　　如果你一直回答「否」且無法輕易達成目標，你該捫心自問是否充分應用在先前目標的所學。總之，要先達成前面的目標，再迎向下一個目標。

　　5. 不必急。你的目標不是盡速達成番茄工作法的所有目標。你要慢下來，不必急，慢慢來。好好享受達成現在這目標的過程。快樂不是來自於緊張兮兮的趕著完成下一個目標，而是好好感受現在這目標。

　　說得夠多了。現在是番茄鐘時間，開始享受吧！

謝辭

首先，非常感謝良師益友 Giovanni Caputo 再次伴我走過這趟旅程。

也感謝所有鼓勵我好好寫下這本書的人：Katrin Rampf, Marco Isella, Crawford McCubbin, Katharina Martina, Carlo Garatti, Lucy Vauclair, Michelle Ogata, Mick McGovern, Piergiuliano Bossi, Claudia Sandu, Meihua Su, Daniela Faggion，以及 Alessandra Del Vecchio 等人。

感謝所有在工作坊上學習番茄工作法的學員，他們的意見回饋很有助益，供我觀察並改進番茄工作法。尤其感謝：Ann Wilson, Lee Sullivan, Katie Geddes, Simone Genini, Bruno Bossola, Giannandrea Castaldi, Roberto Crivelli, Ernesto Di Blasio, Alberto Quario, Loris Ugolini, Alberico Gualfetti, Marco Dani, Luigi Mengoni, Leonardo Marinangeli, Federico De Felici 及 Nicola Canalini。

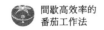
附錄 1
番茄工作法的基本原則

1. 1 個番茄鐘包括 25 分鐘工作，5 分鐘休息。

2. 每完成 4 個番茄鐘，進行一次 15 到 30 分鐘的長
   休息。

3. 番茄鐘不可分割。

4. 沒有半個番茄鐘或四分之一個番茄鐘這種事。

5. 番茄鐘開始後，一定得響。

6. 番茄鐘被徹底中斷就作廢。

7. 如果提早完成事項，就檢查工作成果，直到番茄
   鐘響起。

8. 捍衛番茄鐘。

9. 針對外部干擾：有效告知、迅速協調、重訂計
   畫，之後再回覆對方。

10. 如果超過 5 至 7 個番茄鐘，拆成數個小事項。

11. 複雜事項該拆成數個小事項。

12. 如果不到 1 個番茄鐘，湊成 1 個。

13. 簡單事項可以湊在一起。

14. 一個接一個番茄鐘去做好。

15. 時間表永遠高於番茄鐘。

16. 每個微團隊都擁有各自的番茄鐘。

17. 下一個番茄鐘會更好。

附錄 2
網站資源

 官網

FrancescoCirillo.com/pages/pomodoro-technique

 本書官網

francescocirillo.com/products/the-pomodoro-
technique-book

 課程

francescocirillo.com/pages/pomodoro-school

透過這個實作訓練課,直接向發明番茄工作
法的本書作者學習討教。

 認證

francescocirillo.com/products/certified-
pomodoro-practitioner

在世上任何地方透過這個自助認證網站,成
為經認證的番茄工作師。

活動與研討會

francescocirillo.com/pages/pomodoro-in-the-news

你能參加研討會或有趣活動,遇到其他番茄工作法使用者、本書作者和番茄工作法團隊成員。

推特

Twitter.com/pomodorotech

信箱

pomodorotechnique@francescocirillo.com

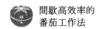
附錄 3

今日工作表

今日工作		
姓名：_____		
日期：_____		
	臨時急迫事項	

今日工作		
姓名：＿＿＿＿＿＿＿＿＿ 日期：＿＿＿＿＿＿＿＿＿		
	臨時急迫事項	

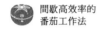

今日工作		
姓名：_____		
日期：_____		
	臨時急迫事項	

	今日工作	
姓名：_____		
日期：_____		

	臨時急迫事項	

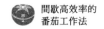
	今日工作	
	姓名：＿＿＿＿＿＿＿＿	
	日期：＿＿＿＿＿＿＿＿	
	臨時急迫事項	

今日工作

姓名：_____

日期：_____

	臨時急迫事項	

今日工作

姓名：＿＿＿＿＿＿＿＿＿

日期：＿＿＿＿＿＿＿＿＿

	臨時急迫事項	

今日工作		
姓名：_____ 日期：_____		
	臨時急迫事項	

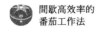間歇高效率的
番茄工作法

附錄 4
事項盤點表

事項盤點		
姓名：_____		

	事項盤點	
姓名：＿＿＿＿＿＿＿＿		

	事項盤點	
	姓名：_____	

事項盤點

姓名：_____

	事項盤點	
姓名：_____		

	事項盤點	
姓名：_____		

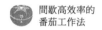

附錄 5
紀錄表

紀錄						
姓名：＿＿＿＿＿＿＿＿						
日期	時間	類型	事項	預估	實際	差距

紀錄

姓名：＿＿＿＿＿＿＿＿＿

日期	時間	類型	事項	預估	實際	差距

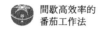
紀錄						
姓名：_____						

日期	時間	類型	事項	預估	實際	差距

紀錄

姓名：_____

日期	時間	類型	事項	預估	實際	差距

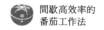

紀錄						
姓名：_____						
日期	時間	類型	事項	預估	實際	差距

紀錄

姓名：_____

日期	時間	類型	事項	預估	實際	差距

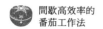

附錄 6

世界各國已登記番茄鐘商標列表

名稱	類型	地區
Pomodoro	文字	歐盟國家
Pomodoro	文字	美國
Pomodoro: Timer	圖像	美國
Pomodoro Press	文字	義大利
Pomodoro Technique	文字	歐盟國家
Pomodoro: Timer	圖像	歐盟國家
The Pomodoro Technique	圖像	歐盟國家

參考書目

Charles Baudelaire, *Flowers of Evil* (Oxford University Press, 2008), ISBN 978-0199535583.

Henri Bergson, *Creative Evolution* (Book Jungle, 2009), ISBN 978-1438528175.

Jerome Bruner, *The Process of Education* (Harvard University Press, 1977), ISBN 978-0674710016.

Jane B. Burka and Leonora M. Yuen, *Procrastination: Why You Do It, What to Do About It Now* (Da Capo Lifelong Books, 2008), ISBN 978-0738211701.

Tony Buzan, *The Brain User's Guide* (Plume, 1983), ISBN 978-0525480457.

Hans-Georg Gadamer, *Truth and Method* (Continuum, 2004), ISBN 978-0826405852.

Tom Gilb, *Principles of Software Engineering Management* (Addison-Wesley, 1996), ISBN 978-0201192469.

Abraham H. Maslow, *Toward a Psychology of Being* (Wiley, 1998), ISBN 978-0471293095.

Eugène Minkowski, *Lived Time* (Northwestern University Press, 1970), ISBN 978-0810103221.

翻轉學　翻轉學系列 025

間歇高效率的番茄工作法【風靡 30 年的時間管理經典】

25 分鐘，打造成功的最小單位，幫你杜絕分心、提升拚勁

The Pomodoro Technique: The Acclaimed Time-Management System That Has Transformed How We Work

作　　者	法蘭西斯科‧西里洛（Francesco Cirillo）
譯　　者	林力敏
總 編 輯	何玉美
主　　編	林俊安
封面設計	張天薪
內文排版	黃雅芬

出版發行	采實文化事業股份有限公司
行銷企劃	陳佩宜‧黃于庭‧馮羿勳‧蔡雨庭
業務發行	張世明‧林踏欣‧林坤蓉‧王貞玉
國際版權	王俐雯‧林冠妤
印務採購	曾玉霞
會計行政	王雅蕙‧李韶婉
法律顧問	第一國際法律事務所　余淑杏律師
電子信箱	acme@acmebook.com.tw
采實官網	www.acmebook.com.tw
采實臉書	www.facebook.com/acmebook01

Ｉ Ｓ Ｂ Ｎ	978-986-507-068-7
定　　價	350 元
初版一刷	2020 年 1 月
劃撥帳號	50148859
劃撥戶名	采實文化事業股份有限公司
	104 台北市中山區南京東路二段 95 號 9 樓
	電話：(02)2511-9798　傳真：(02)2571-3298

國家圖書館出版品預行編目資料

間歇高效率的番茄工作法：25 分鐘，打造成功的最小單位，幫你杜絕分心、提升拚勁 / 法蘭西斯科‧西里洛 (Francesco Cirillo) 著；林力敏譯. -- 初版. -- 台北市：采實文化，2020.01
208 面；14.8×21 公分. --（翻轉學系列；25）

譯自：The Pomodoro technique : the acclaimed time management system that has transformed how we work

ISBN 978-986-507-068-7（精裝）

1. 工作效率 2. 時間管理

494.01　　　　　　　　　　　　　　　　108019492

The Pomodoro Technique: The Acclaimed Time-Management System That Has Transformed How We Work
Copyright © 2006, 2018 by Francesco Cirillo
Complex Chinese translation copyright © 2020 by ACME Publishing Co., Ltd.
Published by arrangement with The Ross Yoon Agency
through The Grayhawk Agency.
All rights reserved.

采實出版集團
ACME PUBLISHING GROUP
版權所有，未經同意不得
重製、轉載、翻印

翻轉學

翻轉學